著作权合同登记号

图字:01-2011-4732

Text © Anita Ganeri 2004,

Illustrations © Mike Phillips 2004

Cover illustration reproduced by permission of Scholastic Ltd.

图书在版编目(CIP)数据

荒野之岛 / [英]加纳利著;[英]菲利普斯绘;夏维维等译. —北京:北京少年儿童出版社,2013.1(2024.5 重印)

(可怕的科学·自然探秘系列)

书名原文:Wild Islands

ISBN 978-7-5301-3295-1

Ⅰ.①荒… Ⅱ.①加… ②菲… ③夏… Ⅲ.①岛—世界—少年读物 Ⅳ.①P931.2-49

中国版本图书馆 CIP 数据核字(2012)第 258235 号

可怕的科学·自然探秘系列
荒野之岛
HUANGYE ZHI DAO

[英]阿尼塔·加纳利 著
[英]迈克·菲利普斯 绘

夏维维 王晓玲 兰 玲 向梨丽 译

*

北 京 出 版 集 团 出版
北 京 少 年 儿 童 出 版 社
(北京北三环中路6号)
邮政编码:100120

网 址:www.bph.com.cn
北 京 少 年 儿 童 出 版 社 发 行
新 华 书 店 经 销
北京同文印刷有限责任公司印刷

*

787 毫米×1092 毫米 16 开本 7.75 印张 90 千字
2013 年 1 月第 1 版 2024 年 5 月第 31 次印刷
ISBN 978-7-5301-3295-1
定价:22.00 元
如有印装质量问题,由本社负责调换
质量监督电话:010-58572171

目 录

引　子

地理课让你备受折磨了吗？比起你正津津有味地看着电视，电视却突然"啪"的一声关掉所带来的苦恼，地理课会不会更让你烦躁？对于老师一直唠唠叨叨的那些地理知识，你又记住了多少？

大致解释一下，所谓群岛（archipelago），顾名思义就是一群岛屿，就这么简单！ archipelago 源于古希腊语 chief sea，原指有小岛点缀的海洋，但现在单指这些岛屿本身。问题在于那些地理学家们总喜欢把事情搞得很复杂，如果能用"archipelago"这样一个令人头疼的专业术语，他们绝不会选择用"group（一群）"这样的简单词汇。至于他们为什么这么做，还真是一个谜。如果给你一张地图，相信你一定能在上面找到一个群岛。（也许你想知道地图是什么，很简单，看看老师的身后，就是贴在墙上的那张大纸。）顺便说一句，世界上最大的群岛是马来群岛，它由 2 万多个岛屿组成。要是你的地理老师晓得你知道这么多，她一定会惊讶得目瞪口呆，没准儿还会免掉你一个星期的作业呢。希望如此！

除了华丽的辞藻和拗口的术语，地理其实也有令人疯狂和激动的一面。信不信由你！如果老师上课的时候能讲到这些好玩又刺激的地理知识，估计大家都会兴奋得找不着北。以岛屿为例，那些不可思议的岛屿一直是地理中最有趣的内容之一。并且，岛屿一般都与世隔绝，是摆脱尘世的绝佳去处。当你在教室里盯着窗外度过了漫长而难熬的一天后，它绝对是你休闲的理想去处。什么？你已经迫不及待地要出发了？呵呵，如果你没有条件去一座真正的岛屿，为什么不自己建造一个呢？

赶快去你家的花园啊！在草坪中央堆上一两卡车的沙土，并在上面种上几株棕榈树（选高大的盆栽植物也可以）。沿着"岛"的边缘，再挖上一条小水沟。这里要小心啦，千万别掉下去。然后接一条水管，给刚刚挖好的水沟注满水——这就是你想要的大海了。（当然，你需要发挥自己的想象力来制造这种效果！）恭喜你！现在，你可以自豪地说你就是这个沙滩岛屿的主人。好了，万事俱备，放上一把沙滩椅，再来一杯冷饮，开始享受你休闲放松的"岛上生活"吧。

（必须提醒你：如果你不想让你爹妈暴跳如雷，更不想自己没日没夜地收拾花园里的残局，最好在你"建岛"之前，先获得恩准。）

当然，岛屿远不止"棕榈树加海滩"那么简单。实际上，世界上的岛屿千差万别，各具特色，大的、小的、寒冷的、炎热的、远在天涯的、近在咫尺的……它们"张牙舞爪"地遍布于世界各地，在这本书中，你将……

▶ 亲眼看到从海上冒出一个你从未见过的岛屿；

▶ 体验一个荒岛流浪者的孤独生活；

▶ 明白为什么倒霉的渡渡鸟飞不了；

▶ 和你的列岛游向导伊斯拉一起去搜寻一个神秘的不明岛屿。

待会儿见！

地理从没像现在这样让你难掩心中的激动。但在你动身寻找梦想中的岛屿之前，我要给你提个醒。一开始，遥远岛屿上的生活可能会让你兴奋得傻了眼，再没有人在耳边唠叨让你整理自己的房间，也没有妹妹来弄乱你的唱片。但当你孤身一人被困在荒岛上，只有几只野山羊与你相伴时，很可能，呃……一两个星期后，你真的会发狂，就像在下一章里出现的被困的水手一样。那么，与其把一辈子需要用的东西都收拾到你的行李箱中，还不如翻过这一页，看看那位水手可怕却真实的故事。

荒岛求生

1709年1月31日，太平洋上的胡安·费尔南德斯群岛

站在瞭望台上，值班水手把眼睛眯成了一条缝儿，使劲儿盯着远处的岛屿。可是不论怎样努力，他只能看到岸边有一个黑影儿。那到底是个什么怪物？这可难住了水手！他的脑袋随着瞭望台晃了一下，费解地看着那个黑影摇了摇头。没有人住在这荒岛上，至少据他所知是这样的。或许他看到的根本就不是什么人。近来，他的眼睛老是调皮捣蛋，要不然就是自己年纪太大了，已经不再适合当一个远航水手。但是当他继续盯着那个黑影看时，发现那个怪物开始发疯似的上蹿下跳，手上狂乱地挥舞着一根绑着白布的细棍。

那是……

可问题是：他到底是谁？一个人在这偏远的岛上做什么？

瞭望台的铃声响起，船长下令前去打探的划艇马上出发。划艇上的水手们一边往前划，一边紧张地回头望了望大船，想到上岸后即将遇到的那个怪物，不免有些担忧。很快，他们就要靠岸了，水手们准备好手枪，迅速地登上了岸。怪物一看见他们就冲了过去，

张开双臂……给傻了眼的水手们一个大大的熊抱!

只见这怪物头发蓬乱,胡子浓密,皮肤被太阳晒成了棕色,仿佛皮革一般。再看他浑身,衣衫褴褛,还散发着令人反胃的山羊味儿。与其说这怪物像是个人,倒不如说更像一只野生动物!

之后,水手们用划艇载着岛上这位看起来像野人的男子回到了他们的大船上。时不时地,他张开嘴想说话,却只能发出沙哑的哼哼声,连个像样的词语都蹦不出来。原来,他已经 4 年没和一个活人说过话了,以至于连怎样说话都忘得差不多了。船长拿了点儿吃的喝的给他,好让他有宾至如归的感觉。随后,这位神秘的陌生人开始缓慢而又费力地给大家讲述他不同寻常的故事……

"我的名字叫亚历山大·塞尔柯克,1680 年出生在苏格兰。我爸是个修鞋匠,他希望我能子承父业,可我的心思根本不在鞋子上。自己的命运自己做主,于是,我逃到了海边。(说实话,我逃走是因为遇上了一点儿小麻烦。之前,我跟弟弟吵翻了,所以故意藏起来不想见他。噢,还有,其实我也是在和自己赌气,因为爸爸妈妈总是唠叨,我想躲开他们一阵子。)

"巧的是,就在那时,我时来运转了。我去了伦敦,在一个准备前往南太平洋的探险队中谋了份差事。那次航行由一位老练的水手和一位人称威廉·丹皮尔船长的兼职海盗带领,计划前往南美洲,并在途中拦劫一艘装有上好黄金制品的西班牙大船。

"我刚好赶上了这个机会，成了他们中的一份子。1703年9月11日，探险队的两艘船'圣乔治'号和'五港同盟'号从爱尔兰起航了。噢，不！其实我知道那次航行危险重重，甚至有可能一去不复返。但是，我并没有把这些告诉那两个傻瓜。是的，我想我这次终于站稳了脚跟。

"但是，船队在横穿大西洋的时候情况很糟糕。几个星期后，船上颠簸的生活让船员们感到无聊透顶，他们开始酗酒，后来甚至还互相动起了拳脚。象甲虫啃掉了我们的面包，肉类也开始发霉。很多人得了坏血病*，一批又一批的船员命丧黄泉。

*坏血病是早期水手们容易感染的一种致命的疾病，一般是由于没有进食足够的新鲜水果和蔬菜引发的。坏血病表现出的症状很可怕，包括口臭、牙龈肿胀、牙齿脱落、全身疼痛、皮肤出疹、癫痫等。总之，很糟糕！

"等我们到了巴西之后，情况变得更糟了，简直是糟糕透顶。有好一阵子，除了煮熟的海蜇之外，我们别无其他可以下咽的食物，搞得大家一见海蜇就倒胃口。更郁闷的是，船长丹皮尔似乎总是看大家不顺眼。噢，对了，其实他是位勇士，就是脾气有些差，老惹我生气。就这样，我们在海上漂流了好几个月，却连宝藏船的鬼影儿都没见到过。

"1704 年 1 月，当我们绕过合恩角后，船已经有些撑不住了，并且我们也急需新鲜的食物和淡水，所以就停在了胡安·费尔南德斯群岛，以补充给养。是的，我以前就去过那里。当时，它看起来就像一个鸟不拉屎鸡不下蛋的地方，虽然我们很是失望，但至少能找到足够多的东西填饱肚子。我们在尽了最大的努力把船打理好之后，又出发了。我根本没有想到，不久之后我竟然会在胡安·费尔南德斯群岛安家。

"不管怎么说，6 个月之后（如果没记错的话，应该是 1705 年 9 月），我们又回到了胡安·费尔南德斯群岛。那时，船上的情况惨得不能再惨。我们可怜到每天只能吃半片煮熟的白菜叶，整天挨饿。

"我们的船曾在一次战斗中受到了重创，已经变得不堪一击，并且还开始漏水。没办法，这次狼狈不堪地回到胡安·费尔南德斯群岛，就是为了修理这两艘已经千疮百孔的船。在那时，我对船长已经到了忍无可忍的地步。说实话，我从来就没喜欢过那个白痴的家伙。所以，当他命令我们回到船上时，我直接跟他摊牌了。我告诉他，船已经没办法继续前进了，如果他认为我会把自己的小命搭在这两艘行将就木的船上，那他就大错特错了。我宁愿选择留在这荒岛上，也不想再回到那两艘将要沉没的船上去送死。

"当然，那些只是我的气话！不过没想到的是，船长竟然动真格了。当时，他一个字都没说，就把我的行李扔到岸边，扬帆而去。我被抛弃了，一个人被丢在这荒岛上？我实在无法相信这个残酷的事实。尽管我在岸上拼命地朝他大喊，跟他说我改主意了，但却无济于事。*

"刚开始的几天，我整天待在岸边，死死地盯着大海。我告诉自己等船长气消了，他肯定会回来接我的。所以，我并没有打算在岛上待很久。为了让他们能够很容易地发现我，我一直烧着一堆火，连个盹儿都不敢打，甚至连眼睛都不敢眨一下，生怕错过回来接我的船。但是，一周过去了，一个月过去了，几个月过去了……我渐渐明白了这个可怕的事实——他们真的抛下我不管了。

"在那座岛上，来来去去就我一个人。没有人知道我在那里（确切地说，是没有人在乎）。我到底该做些什么呢？环顾着自己的新地盘，心里拔凉拔凉的。这是座荒岛，地表主要由岩石组成。又尖又陡的悬崖直端端地竖在暴风肆虐的大海上，根本没人会来这种鬼地方度假。起初，我想自己最好是能够离开那里，后来却发现只能躺下来等死。但最终我还是重新振作起来了，毕竟，成败都得靠自己。

"幸运的是，我还有一些家当：一把手枪、一些火药、一把小刀、一口锅、一本《圣经》，还有一张可靠的航海图。我用树枝搭了间小屋，铺上茅草做屋顶，又用木头做了一张床。眨眼的工夫，这地方看起来就有家的样子了，虽然我只能独自分享这份喜悦。更幸运的是，在这里我从来也不曾饿肚子。吃腻了小龙虾，我就去捉野山羊，做美味的白菜炖羊肉。菜根、浆果和李子也应有尽有，用它们可以做些果酱。我还用山羊角做了叉子和勺子，用山羊皮做了衣服和睡袋。最糟糕的是那些老鼠，它们到处乱窜，还啃我的衣服和铺盖。不过很快我就解决了这个问题，我养了几只野猫，嘿嘿，它们可是捕鼠高手（也是我的好伙伴）。

"所以，虽然孤身一人在岛上很不容易，但生活还是挺充实的。有一次，我外出打猎，不小心从悬崖上摔下来，差点儿就完蛋了。幸亏我正好落在一只山羊的背上，才捡回了一条命。当时，我拼命地爬回我的小屋，身上青一块紫一块的，连着好几天都不能走路。那应该是我在岛上最倒霉的时光，但我还是尽力保持高昂的情绪。时间每过去一天，我就会在树上刻上一道线。我也经常爬上山顶，留心过往的船只（这也让我身体倍儿棒），但最终还是放弃了能够被营救的幻想。直到现在……"

这个陌生人的声音紧张得有些沙哑，他身体前倾，把头埋进了手里，阵阵干咳带动他清瘦且驼背的身体剧烈地晃动着。长达4年零4个月的孤岛生活，使他很难相信自己的苦日子终于熬到头了。一想到就要离开这个岛，他又怀着极其复杂的感情，因为虽然岛上条件极其恶劣，但是那里对于他而言已经成了自己的家。

归心似箭

两个星期之后，船驶出海湾，我们离开了胡安·费尔南德斯群岛。塞尔柯克成为一名新任命的领航员，他在船上过了好一阵子才

不再晕船。并且，由于已经习惯赤脚走路，所以新鞋子总会夹痛他的脚趾。由于这几年已经吃惯了新鲜的山羊肉和蔬菜，所以船上的那些食物让他完全没有胃口。不过他并没有抱怨，勇敢的塞尔柯克再次投入到新的航海冒险中。我们这艘船——"杜克"号走的是另一条淘金之路，不同的是——这次绝非徒劳之举。在接下来的两年时间里，"杜克"号俘获了几艘西班牙船只，并抢走了船上价值连城的财宝。当塞尔柯克抵达伦敦时，他分得了800英镑的战利品，这在那个年代可是一笔不菲的财富，完全出乎他的意料。

不幸的结局

1711年10月30日，塞尔柯克终于回到了英格兰，这是一次英雄的凯旋。当他身穿全新的天鹅绒背心、整洁的蓝色亚麻衬衫、合身的新裤子、系有朱红色鞋带的鞋子（这些可都是当时最时髦的装扮了）从船上走下来时，他对自己得意地笑了笑。跟以前那个浑身散发着山羊味儿、失魂落魄的流浪汉相比，他已经鸟枪换炮了。这可真是条漫漫长路啊！

一夜间，塞尔柯克因为这次扣人心弦的荒岛历险成为了超级巨星。不论走到哪里，人们都想听听他的故事。不久，塞尔柯克回到苏格兰老家，与家人团聚，享受了一次难得的休养。然而，多年的

岛上生活使他很不习惯住在室内。于是，他在花园里搭了间舒心小屋，整天待在那里眺望大海。那么，塞尔柯克的故事从此完美收场了吗？我们这位急性子的英雄是否得以从容面对周围人的异议而安顿下来？根本没有。塞尔柯克的内心仍按捺不住航海的欲望，没过多久，他便返回伦敦，加入海军，再次投入大海的怀抱。

你肯定不知道！

　　然而故事并没有结束。1719年，一本新书《鲁滨孙漂流记》横扫了各大书店，一夜之间便成为超级畅销书。人们对它狂热地追捧，不断加印的图书如野火般广为传播。该书的作者丹尼尔·笛福曾经当过间谍和袜子推销员（所以他深知浪迹天涯的人）。在书中，他讲述了一名失事船只上的水手被困在荒岛上的故事。听起来似曾相识？与我们这位勇敢的英雄不同的是，鲁滨孙在岛上一直待了28年，与一位名叫星期五的伙伴和一只宠物鹦鹉相伴。我们不知道现实版的鲁滨孙是否读过这本书，但不幸的是，塞尔柯克的结局很悲惨，1721年，他在非洲沿岸驱逐海盗时，因高烧离世。

荒野之岛大卷宗

名称：胡安·费尔南德斯群岛

地点：南太平洋

面积：185平方千米

岛屿类型：海洋岛

首府：圣胡安包蒂斯塔（这是该群岛唯一的城镇）

人口：1人（塞尔柯克时期）；516人（今天）

荒野档案：

▶ 该群岛是一座约400万年前喷发的水下火山的山顶。

▶ 该群岛因1574年被杰出的西班牙探险家胡安·费尔南德斯发现而得名。他精通航海，人称"巫师"。

▶ 1966年，为了吸引游客，智利政府将群岛中的一座更名为鲁滨孙·克鲁索岛，将另一座更名为亚历山大·塞尔柯克岛。

▶ 由于拥有珍稀的野生动物，全岛是一个国家公园，但禁止山羊、鼠和猫入内，因为它们会啃掉珍贵的植物。

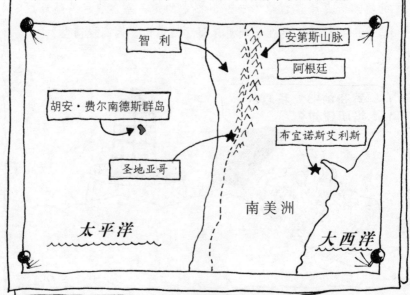

看了这些，你仍然想去寻找梦中岛屿吗？你真的可以忍受岛上那种可怕的"安宁"生活吗？（更别提那些贪婪的老鼠了。）好吧，在你冲向岛屿之前，不妨先认真学习一些关于岛屿的知识吧。

不可思议的**岛屿**

如果要人们描述一番岛屿的风光，他们中的大多数会把一座荒岛描绘得充满田园诗般的风情，椰风婆娑，棕榈摇影，水清沙幻，是绝对的世外桃源。不过，并非所有的岛屿都如此。世界上有很多不可思议的岛屿，它们大到是一个国家，小到只是一块岩石，形态各异。的确，有些岛屿有着美丽的热带风光，是人们理想的度假胜地；也有些岛屿人迹罕至、无人问津，它们不是岛上怪石嶙峋，就是位置极其偏远、与世隔绝；还有些岛屿终年冰雪覆盖，寒冷异常。

不过，千万别灰心，你仍然有希望寻找到你的"梦之岛"。世界上有成千上万个岛屿，足够你挑了。可是，究竟什么是岛屿？它们又是如何形成的？

什么是岛屿

严格来说，岛屿就是被水围起来的一块土地。瞧，并不是只有天才的地理学家才知道这些。但是，我们所看见的并非是岛屿的全部，你马上就会明白。

这些不可思议的岛屿最初是怎样形成的呢？选个舒服的坐姿，我要开始讲啦。很久以前，那时候还没有什么无聊的地理课或地理老师。（那实在太幸运了！）相反，人们会把他们对这个世界的认识编成妙趣横生的故事，比如以下这些疯狂的传说……

我想这就是一个岛了吧。

是吗？

▶ 夏威夷和新西兰的人们相信,是半人半神的毛伊把岛屿从海洋里拽出来的。而且,他并不是故意要这么做的。那只是毛伊在一次海钓中偶然钓到的,他当时还以为自己钓到了一条大鱼呢!好吧,不管怎样,这个故事至少让人类上钩了。

我可钓到了一个大家伙!

▶ 在一个关于复活节岛的传说中,主角是臭脾气的约克神。那次,他一怒之下,用他的超级杠杆把太平洋上的岛一个接一个地撬了起来,并且甩得远远的。但是当他到了复活节岛时,他的杠杆突然断掉了,约克神气急败坏,悻悻地走了,只留下复活节岛孤单地坐落在东南太平洋上。

小样儿,还把你撬不起来!

啦,断了

▶ 根据日本的古代神话传说,是伊奘诺尊(Izanagi)和伊奘冉尊(Izanami)这两位开天辟地的神创造了日本诸岛。传说,他们站在天边的彩虹上,用一根镶满宝石的矛在大海中搅来搅去。当他们把矛抽走的时候,从上面滴落的水滴瞬间就形成了日本岛。

日本

▶ 在菲律宾有一个传说，世界最初由天空和海洋组成，还有一只巨鸟在它们之间飞来飞去。可是当这只鸟飞累了的时候，却怎么也找不到一块可以休息的地方，于是它煽动天空和海洋大吵了一架。暴怒的海洋使出浑身解数，掀起层层巨浪，直抛向天空。天空当然也不甘示弱，愤怒地向大海狂扔石头作为还击。而这些石头落在海里就变成了数千座小岛，这也就是菲律宾群岛的由来。

▶ 法罗群岛的人们认为，是一群来自天堂的建设者建造了陆地。有一次，结束了一天的辛苦工作后，一位建筑工人决定清理一下他的手指甲。结果你猜怎么着？指甲缝中的脏东西接二连三地掉进大西洋，竟变成了非同寻常的法罗群岛。

　　所以，如果你愿意相信这些传说，那么有些孤零零的小岛可能就来自某位建筑工人指甲里的脏东西。呵呵，听起来蛮像一回事儿的！但是如果岛屿的形成并不是源于巨大的鱼、坏脾气的神、爱挑事儿的鸟的恶作剧的话，那它们到底是怎样形成的呢？幸运的是，那些不招人待见的地理学家们在岛屿形成说方面还真有一套。

荒岛指南

　　你觉得岛屿看起来都一个样？是不是被那些沙礁＊搞得头昏脑涨？别急，寻岛指南在此——伊斯拉有她独特的寻岛秘籍。让我们共同努力，一起来找出两个主要类型的岛屿吧。

＊沙礁（英文cay，也作key）就是指珊瑚礁上的一个沙洲。跟你的钥匙（英文key）可没有半点儿关系。天哪！

A）

名称：大陆岛

地点：靠近大陆

形成过程：

1．你会发现这类岛屿都分布在大陆附近。大陆岛最早的时候是属于大陆的，但是当海平面上升后，海水淹没了绵延的海岸，致使沿岸地区一部分陆地与大陆相隔成岛。距今1万年前最后一次冰川期结束的时候，大量的大陆岛从海上冒了出来。在那之前，巨大的冰川覆盖了地球表面的1/3。当气候变暖，部分冰川融化后，大量的水涌入大海，海平面因此上升，大面积的海岸被淹没。大不列颠群岛的形成就是一个很好的例子。很久以前，大不列颠群岛跟欧洲大陆是一个连在一起的整体，今天它们之间的英吉利海峡原本是气候干燥的陆地，根本用不着船，你就可以在其中自由穿行。

2．小心！小心！地理课来啦。大约在2亿年前（远远早于你亲爱的祖母的出生日期），地球上只有一块庞大的陆地，它的周围被一片巨大的海洋所包围。在

过去的亿万年里，这块庞大的陆地分裂成了很多块较小的陆地，并慢慢地开始漂移。其中一部分成为我们今天看到的大陆，其余的部分则变成了岛屿，比如位于印度洋的神奇岛屿马达加斯加，大约6 500万年前，它还是非洲的一部分呢。你懂我的意思吧？

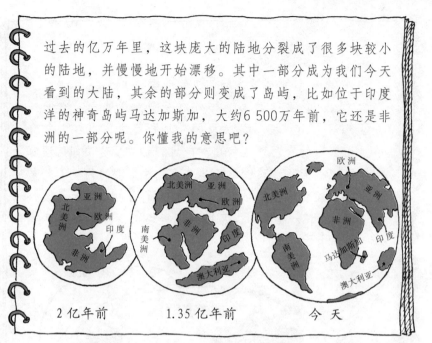

2亿年前　　　　1.35亿年前　　　　今　天

你肯定不知道！

距离英国南部康沃尔海岸不远的圣迈克尔山算是半个岛屿。涨潮时，圣迈克尔山是一座高高的干燥岛屿；当潮水退去的时候，干枯的海床又把它与陆地相连。在当地关于它的传说中，圣迈克尔山以前其实是大陆的一部分，后来滔天巨浪淹没了这片陆地，幸存的只有圣迈克尔山和一位骑着白马的骑士。据说，现在你仍然能看到这位骑士幽灵般的身影在海浪上疾驰而过。真吓人！

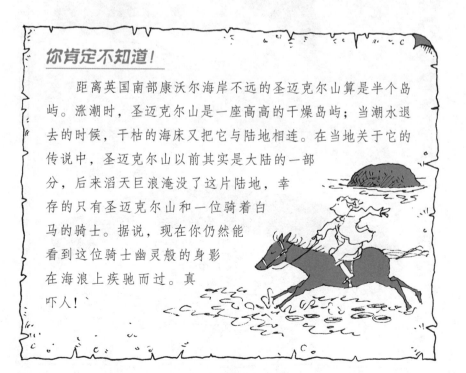

B ）

名称：海洋岛

地点：位于远离大陆的可怕的海洋上

形成过程：这类岛屿都有一副火爆脾气。它们一般由海底火山爆发后的喷发物质堆积而成，或者由发育在"沉默"的火山顶上的珊瑚礁堆积形成。这该如何理解呢？还记得大陆漂移说吗？其实，地球坚硬的外壳（就是你走路时踩的地面）并不是一整块大的岩石壳，而是被分割开来的6个大板块（以及许多小板块），就像一幅巨大拼图的碎片。

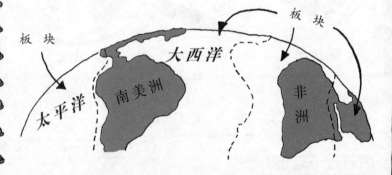

但是你知道吗？这些巨大的板块彼此之间并非相安无事。在厚厚的地壳深处，还有一层叫作岩浆的物质，它是一种滚烫而黏稠的熔浆流体，而大陆板块就浮在这一层岩浆上运动。

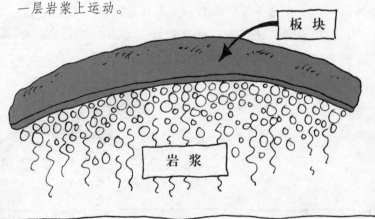

通常情况下，人们根本感觉不到脚下的板块在移动，所以你完全没有必要担心自己会不会掉下去。但是，它们也有相互拉扯挤压的时候，在特定条件下，相互碰撞的两个板块边缘还会擦出火花。

1. 我们分开吧

位于海床底下的板块的生长边界（两个板块做背离运动的边界）上，板块之间总是相互拉扯着，并由此产生巨大的张力。它们拉扯的力量会越来越大，直到"啪"的一声，海床在张力之下裂开了。然后，流动在板块之下的炽热岩浆就会沿着裂缝喷涌而出，当它遇到冰冷的海水时，又冷却成坚硬的岩石。

岩浆

就这样，在海洋中心便形成了大规模的由火山组成的水下山脉。其中一些火山山顶露出海面，从而形成了岛屿，比如冰岛和亚速尔群岛。

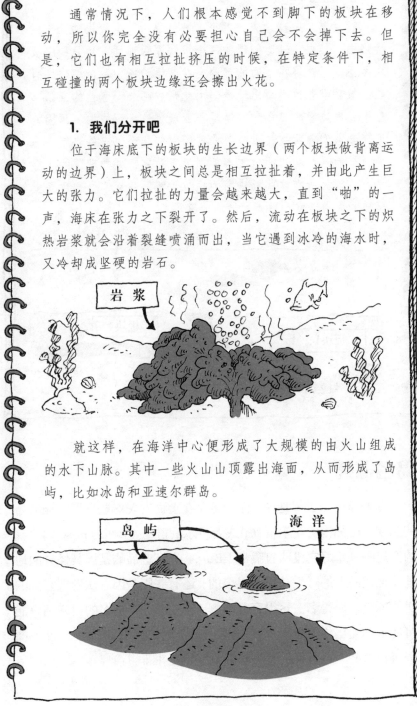

岛屿　　　　海洋

2. 给我下去

　　而在其他一些地方，两个"咄咄逼人"的板块则互相碰撞挤压。其中，较为坚硬的那个板块深深地插入到另一个板块之下，而被挤在下面的部分会在高温地幔中重新熔化成岩浆，最后沿着边界喷出地表，由此形成绵长而弯曲的群岛。位于海洋边缘的日本和印度尼西亚就是这么形成的。顽固的地理学家们再次故技重演，非要给它们起个复杂的名字——岛弧，而这些岛屿的地质条件都很不稳定，并非理想的生存之所。因为所有这些板块间的推拉过程，最后都会导致岛上猛烈的火山爆发和惊天动地的地震。

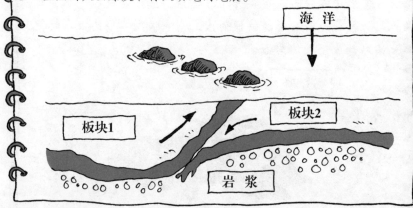

岛名探秘

　　随便拿一张世界地图，你一定会在上面发现一些古里古怪的岛屿名字。比如南三明治群岛，或者贝尔彻群岛（Belchers）。明白我的意思吗？幸好它没叫打嗝岛（Burps）。有些岛屿是因其怪异的地理特征或岛上的野生动物而得名的，还有些则是因首次发现它们的勇敢探险家而得名。这很容易理解，但是，一个岛名的由来和内涵可能远远超出你的想象。试一试下面这个快速测试吧，看你能不能分辨出这些千奇百怪的荒谬解释到底谁是谁非。

1. 加那利群岛因加那利鸟而得名。（对 / 错）

2. 复活节岛因其形状像一枚复活节彩蛋而得名。（对 / 错）

3. 塔斯曼尼亚岛以杰出的探险家阿贝尔·塔斯曼的名字命名。（对 / 错）

4. 伊奥利亚群岛以风来命名。（对 / 错）

5. 格陵兰岛因其葱郁的绿色景观而得名。（对 / 错）

答案

1. 错。事实上，完全相反，反倒是加那利鸟因栖息于非洲西北海岸的加那利群岛而得名（这种鸟是在那里首次被发现的）。古代的水手们给岛起了个"加那利"（Canary）的名字，是因为那时岛上有种又大又凶的狗，而"加那利"在拉丁语中就是狗的意思。哦，这听起来可真疯狂。

2. 错。很遗憾，位于东南太平洋的复活节岛与美味的巧克力扯不上半点儿关系。与世隔绝的复活节岛在1722年复活节那天首次被欧洲人发现，为此它才有了这样一个名字。当然，岛上的原住民老早就知道这个岛的存在，他们叫它"赫布亚岛"（Te Pito O Te Henua），意思是"世界的肚脐"。够过瘾的吧，你觉得呢？

3. 对。塔斯曼尼亚岛位于澳大利亚东南面，是一个心形的岛，它是用荷兰探险家阿贝尔·塔斯曼的名字来命名的。塔斯曼是第一个发现这个岛的欧洲人，时间是1642年11月24日。塔斯曼是一位杰出的水手和航海家，新西兰、汤加岛和斐济岛都是他第一个发现的。但令人费解的是，他绕着澳大利亚航行了一圈，竟然没能发现它的存在，偌大一个澳大利亚就在他的眼皮子底下啊！

您又看错了方向。

4. 对。但是并不是我们通常说的那种风！这些岛位于意大利西南面，因古希腊风神艾俄洛斯得名。传说风神就住在意大利附近的一座岛上，他把风锁在岛上的一个洞穴里。一旦风神艾俄洛斯打开洞门，把风释放出来，就会出现狂风暴雨的天气。这真让人脑袋发晕！

隔儿

不好意思！

5. 错。葱郁的绿色景观？做梦去吧。关于格陵兰岛命名的故事其实糟糕透了，这个绝妙的名字不过是个巨大的圈套。继续读下去吧，看看是不是还会有人上钩……

荒野之岛大卷宗

名称: 格陵兰岛

地点: 北大西洋和北冰洋之间

面积: 217.56万平方千米

岛屿类型: 大陆岛

首府: 努克

人口: 5.69万人(2008年)

荒野档案:

▶ 岛上气候非常寒冷。即便是盛夏时节,温度也不会超过10℃。

▶ 岛上大概80%的陆地被厚厚的冰雪所覆盖。

▶ 最温暖的地带位于西南海岸,大多数居民都集中在那里。

▶ 格陵兰岛的多数居民以捕捞比目鱼、红鲑鱼、对虾和基围虾为生。

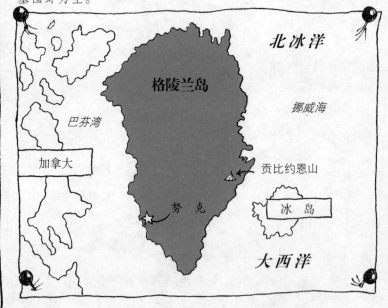

"绝色"格陵兰

公元982年前后，红胡子埃里克成为格陵兰岛的一位居民。他是个爱冒险的维京人。事实上，当时埃里克除了住在格陵兰之外别无选择。如果他回到自己在冰岛的家，就会因杀人犯的罪名而被放逐。（顺便说一下，埃里克以他红色的头发和胡子而闻名，当然，也包括他的臭脾气。）

在格陵兰岛上可没有人和他生事儿，所以埃里克很快便感觉日子过得无聊又寂寞。可是格陵兰岛的气候是那么的寒冷和恶劣，他怎样才能吸引其他维京人来这儿和他一块儿生活呢？

有一天，埃里克突然灵机一动，想出了一个妙招儿。管它什么可怕的冰山，忘掉那令人毛骨悚然的冰雪吧，他决定给这个岛取一个春意盎然的名字——格陵兰岛（Greenland），把它描述成一座可爱的、温暖的……美丽的、葱郁的、充

格陵兰岛

满绿色的岛屿。

结果，不管你信不信，他的妙招还真的起作用了。格陵兰岛这个名字使它听起来像是一个很适宜居住的地方，这座"绿岛"让好多人眼红。于是，大约有300名维京人收拾好行李，从冰岛出发来到格陵兰岛。埃里克从此有伴儿了。我敢打赌他们肯定会兴奋得浑身发抖。

尽管天寒地冻，但顽强的维京人还是在格陵兰岛住了很多年。天气好点儿的时候，他们会用石头、木材和草皮建造温暖舒适的房子，还会种植庄稼，饲养牛、山羊和绵羊（这些活物是他们从家乡带来的）。

但是大约500年后，维京人消失了。他们消失的原因至今仍是个谜。那些可怕的历史学家们认为是突然变坏的天气捣的鬼。维京人的衣服不足以抵御骤然而至的严寒，另外，酷寒的天气还冻死了他们的庄稼。所以，他们推测维京人有可能是被冻死或饿死的。

通往南方

很可惜，维京人当时没有找当地的因纽特人寻求帮助。毕竟，因纽特人在维京人到达那里之前，就已经在格陵兰岛上生活了数千年，他们知道所有对付寒冷天气的招数。因纽特人行踪不定，总是搬家，靠猎食海豹和其他野生动物维生，他们用动物的皮毛做成温暖而舒适的衣服。大部分现代的格陵兰岛人都是因纽特人的后裔。不过，今天的因纽特人的生活方式发生了很大的变化，他们多数都拥有现代化的生活设施，传统的生活方式和古老的民族语言正在慢慢消失。这个可怕的事实也促使他们不得不采取一些措施来保护他们的传统文化。

嗯……

刁难老师

你够胆大吗？那来试试这个试验吧。当你的老师正在享用她的茶点时，轻轻敲开她办公室的门，问问这个问题。

老师，请问格陵兰岛是世界上最大的岛屿吗？

听起来这个问题的答案应该很简单，果真是这样吗？连那些可怕的地理学家们都对这个问题感到非常困惑呢，你的老师就更不容易给出一个简单的答案了。

答案

答案既肯定又否定。一部分地理学家认为格陵兰岛虽然非常大，但它并非世界第一大岛，世界第一大岛应该是比它大两倍的澳大利亚；而另外一部分地理学家则认为尽管澳大利亚比格陵兰岛的面积大（而且被海包围），但澳大利亚其实是一块陆地，根本就不算是一个岛。那么，你会同意哪一方的观点呢？

十大荒野之岛

当你的老师们仍在为格陵兰岛是否为世界第一大岛争论不休时，你还是看看伊斯拉随身带着的这张地图吧。从图上你可以看到世界上面积排名前十位的大岛，以及它们的地理位置，还有弄清楚它们到底是哪一类岛，说不定会把你难住哦。（本书把格陵兰岛作为第一大岛。）

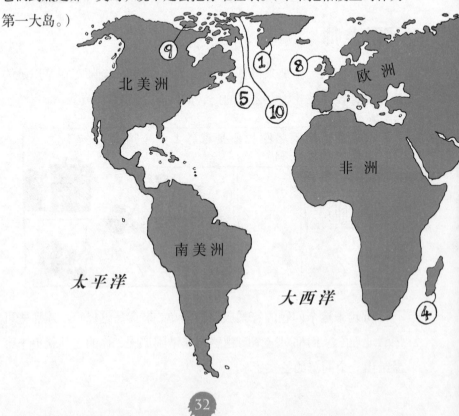

可怕的健康警告

　　一定要仔细挑选你的"梦之岛"。生活在一个幽静偏僻的地方固然好，但可能在你想吃薯片的时候，并不能像生活在热闹的城市中那样，只要走进商店就能解决问题。如果你一辈子都待在与世隔绝的布维岛上，那你只能独自一人面对波涛汹涌的南大西洋，因为就算是离岛最近的陆地也远在1 700千米之外。还有冰天雪地、渺无人烟的南极洲，如果你喜欢与企鹅为伴的话，或许也是个完美的去处。

图 例	C=大陆岛
	O=海洋岛

① 格陵兰岛，C

② 新几内亚岛，C

③ 婆罗洲岛，O

④ 马达加斯加岛，C

⑤ 巴芬岛，C

⑥ 苏门答腊岛，O

⑦ 本州岛（日本），C

⑧ 大不列颠岛，C

⑨ 维多利亚岛，C

⑩ 埃尔斯米尔岛，C

岛之烈焰

现在，你是否发现离你心中的"梦之岛"又近了一步？或者，你也像其他人一样，认为岛屿不过是一些整天待在海洋里的岩石硬块

超酷假期 荣誉呈现

天堂般的夏威夷
热点旅行

厌倦了阴天和低温吗？

想在湿润的田野上野餐吗？

如果你想拥有一个
"滋滋有味"的假期，
那就抛开一切，加入
我们的荒岛之旅吧！

野外的见闻一定会让你惊叹——旅行中随处都可以看到火山。快来我们的瞭望台吧，你会看到一座座为你而爆发的火山！

而已？如果前面提到的那些千奇百怪的岛屿都没能激起你的兴趣，或许该轮到热量出场了。很幸运，你来对地方了。本章全都是关于海岛的爆炸性信息。不过你千万要当心，毕竟，这些喷火的岛屿中有不少都是猛烈的火山，它们都有一副暴脾气，动不动就火冒三丈。所以整个旅程可能不会那么顺利和平静，估计一路都会充满紧张和刺激。鼓足你的勇气了吗？你必须变得勇敢一些。令人兴奋的旅程马上就要开始啦。

当你在棕榈树摇曳的海滩上休闲度假时，一定要当心黑沙，这种沙子可是来自火山岩。所以千万当心，不要让它烧焦了你的脚趾哦。

记得带上一些鲜花或水果，去祭祀火山女神佩丽。据说正是由于佩丽发脾气才引发了岛屿在海上的爆发。又是一个火暴性子！

今 天 就 加 入 我 们 的 团 队 吧！

一位满意的顾客曾说：

哟！真是大热天。这是我这么多年度过的假期中最热的一个。真是一次美好的烈焰之旅。

＊这是一次和比萨无关的旅行。我的意思是，带上火腿和菠萝吧，在这趟旅行中你恐怕得自备食物了。

热点与岛

　　充满田园风光的夏威夷群岛地处太平洋海域,和冰岛一样,也是海洋岛。我们前面已经提到,海洋岛其实都是巨大的海底火山露出海面的山顶部分,不过这些"山顶"的形成原因不尽相同。那些可怕的地理学家们根据这些岛屿的形成过程把它们叫作热点火山。或许你会被他们讲的那些复杂术语弄得晕头转向,不要紧,我们可以一起来看看关于热点的故事!

　　1. 一股从地球深处往上涌出的岩浆流不断向上冲击着海底,当它冲破地面后就会在海底形成一个洞,这个可以不断向上涌出岩浆的地方就是一个可怕的热点。在夏威夷群岛位于海洋深处 60 千米的地方,有一个约 320 千米宽的热点。

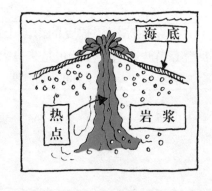

　　2. 炽热的岩浆涌出洞口后会冷却成坚硬的岩石。岩浆不断喷发,岩石就会不断地在洞口周围堆积,直至形成一座威力巨大的火山。当火山升高到一定程度,就会冒出海面成为一座火山岛。不过你无须太过紧张,这个过程至少要花上数百万年的时间。

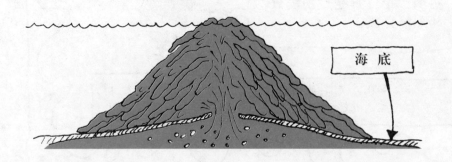

3. 时间一年年地流逝，热点像生了根似的停留在原处，而在它之上的板块却在缓慢地漂移。就这样，热点处的岩浆不断地向上喷涌，不断地在海底冲击出一个又一个的洞，继而形成一座又一座新的火山。整个过程有点儿像是一个不断制造火山的巨大流水线。

4. 如果火山的位置离热点比较近，就会不断地有大量的岩浆喷发，并因此不断形成新的岛屿。可一旦火山的位置远离热点，它们就会死亡，变成死火山。经过风浪的冲击侵蚀，死火山的山体的高度会慢慢地下降，终有一日，它会被海水吞没。

5. 尽管如此，你也不用太过伤心，岛屿并非注定只能以悲剧收场。一般随着旧岛的消亡，热点之上会出现新的岛屿。就在你阅读本书时，一座崭新的夏威夷小岛——罗希岛，已经冒出海底将近3千米高了。那些兴奋的地理学家们已经派出配备了照相设备的潜水艇，去跟踪小罗希的生长进程。不过他们还需要经历漫长的等待，因为要想等罗希将头伸出海面，至少还需要6万年呢。

荒野之岛大卷宗

名称：夏威夷群岛

地点：太平洋

面积：2.83万平方千米

岛屿类型：海洋岛

首府：檀香山

人口：131.15万人（2007年）

荒野档案：

▶ 夏威夷群岛由132个大小岛屿组成，绵延2 450千米。

▶ 包括8座比较大的主要岛屿和124座较小的岛屿。其中最大的是夏威夷岛，当地人叫它"大岛"，这样易于他们在语言上区分夏威夷岛和夏威夷群岛。

▶ 这些岛屿的年龄从28万岁到70万岁不等，其中最古老的也是那些距离热点最远的岛屿。

▶ 夏威夷的基拉韦厄火山是世界上最活跃的火山。自1983年以来，这座火山从未停止过喷发。

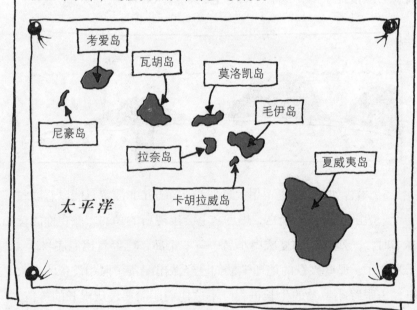

刁难老师

想让你的地理老师难堪吗？装作一脸茫然的表情，去请教他这个尖锐的问题吧！

老师，请问世界上最高的山峰是哪一座？

呃……

看看你的老师是如何努力让自己保持淡定的！

答案

你的老师可能会说世界最高峰是位于亚洲喜马拉雅山脉的珠穆朗玛峰。很不幸，老师回答错误，并且错得十万八千里。事实上，世界上最高的山峰是坐落在夏威夷岛上的冒纳凯阿山。它是一座死火山，从山脚到山顶的相对高度达10 205米，可以非常轻松地战胜珠穆朗玛峰（高8 844.43米），使其只能排到世界老二的位置。这个高个子火山一大半的身体都隐没在水中，但它顶部露出海面的部分（海拔为4 205米）成了天堂般的夏威夷群岛的一部分。

我一直都不知道夏威夷原来这么高，我恐高啊！

岛屿的浮沉

现在你已经知道，一座火山岛并不会永远存在。不过你也不必太过惊慌，一座岛屿的消失往往需要经历数亿年的时间，所以你现在还不用急着去游泳逃生。问题是，这些岛屿真的会消失得无影无踪吗？就像你丢了很久的地理作业一样。当然不会，它们中的一些会演变成另外一种岛屿——环礁。你有那种被淹没的感觉吗？是否觉得很难理解这些？不要担心，有人会替你答疑解惑，因为我们的岛屿专家伊斯拉来啦……

环礁究竟是什么东西

环礁究竟是什么呢？

环礁是环绕在深深的蓝色潟湖（就像一个很大的湖泊）周围的小型珊瑚岛。环礁的环形有点儿像甜甜圈，不过恐怕你们都没有办法像吃甜甜圈那样吃掉环礁。

那这些环礁有什么特点吗?

正好我随身带了这幅图,你们可以看到环礁最初是怎样形成的。它们的故事发生在几百万年前……

一座火山岛冒出海面

围绕着火山与海洋交界的地方发育出一圈珊瑚礁

之后,火山岛的顶部慢慢被风化

最后只留下了一个环礁

珊瑚也是一种岩石吗?

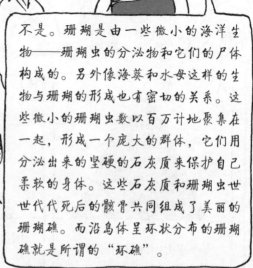

不是。珊瑚是由一些微小的海洋生物——珊瑚虫的分泌物和它们的尸体构成的。另外像海葵和水母这样的生物与珊瑚的形成也有密切的关系。这些微小的珊瑚虫数以百万计地聚集在一起,形成一个庞大的群体,它们用分泌出来的坚硬的石灰质来保护自己柔软的身体。这些石灰质和珊瑚虫世世代代死后的骸骨共同组成了美丽的珊瑚礁。而沿岛体呈环状分布的珊瑚礁就是所谓的"环礁"。

珊 瑚

嗯，我大概明白了，不过还是有些地方想不通。既然火山已经被完全淹没了，那我们又是怎样研究环礁的呢？

问得好！第一个研究环礁形成过程的人是伟大的英国科学家达尔文（1809—1882）。当然，在当时，所有的一切只不过是这位科学家的猜想。大约100多年后，科学家们研究太平洋的埃尼威托克环礁时的发现验证了达尔文的猜测。他们在环礁上钻洞，一直深入到珊瑚礁底部的岩层并取出岩石样本，最后他们发现取出的岩石样本果然是火山岩。如果达尔文仍然健在，他可能会说："果然如我所料！"

可怕的安全警告

如果你打算进一步了解这些神奇的喷火岛屿，那你千万要记住：它们随时可能变身为一个可怕的杀手！绝不骗你。即使一座火山已经沉睡多年，仿佛死火山的样子，它也有可能随时喷发。真到那时，你就不仅仅只是全身乌黑而已，你会被烧成一个开花的炸薯片！

史上最严重的喷发

巽他海峡，印度尼西亚，1883 年 8 月 27 日。

对位于印度尼西亚爪哇岛与苏门答腊岛之间的巽他海峡来说，这一天的黎明和往常并无区别，但接下来发生的事情却注定了那是一个不平凡的日子，全世界的人都将永远铭记这一天。喀拉喀托，一座位于巽他海峡上的微型火山岛，它已经沉睡了近 200 年。事实上，许多人都认为它是一座死火山。但是，在经历了几个月的轻微喷发之后，这个沉睡的巨人又一次使天地为之变色。8 月 27 日上午 10 时，喀拉喀托火山来了个全面大喷发，甚至把它自己都炸了个粉碎。

在火山喷发前 3 个月，居住在附近岛屿上的人们就注意到喀拉喀托火山发出的隆隆声响和火山口冒出的滚滚浓烟——这些都是火山即将喷发的征兆。过往的船只也需要小心避开那些漂浮在海面上的大块浮石*。

撞上石头啦！

*浮石是一种火山岩，多孔、质轻，所以能够漂浮在海面上。它们之所以遍布密集的气孔，是因为火山喷发时冷凝太快，气泡破灭后留下的。有很多人会用浮石来磨掉他们臭脚丫上顽固的死皮。

但是，并没有人预见之后发生的事情。等到 8 月 26 日下午，隆隆声变得越来越响，最后变成了震耳欲聋的爆炸声。一团团由滚烫的火山灰和气体形成的黑色烟云笼罩在海面上，天空中电闪雷鸣。一艘过路船只上的船长还以为他们的航行遭遇了特大暴风雨。但是，暴风雨并没有到来，取而代之的是倾盆而下的火山灰。下面是这位亲眼目睹了当时场景的船长在航海日志中的描述：

越来越多的火山灰夹杂着浮石碎片从天而降，闪电和雷声越来越大。一个个火球落到甲板上，火花四溅……耳边充斥着可怕的隆隆声和爆炸声。27 日凌晨 2 点，船上堆积的火山灰已经足足有 1 米厚。我只能不停地从火山灰中拔出我的双腿，以防它们被火山灰掩埋。火山灰的温度非常高，把大家的衣服和船帆烧出了一个个大洞……

但更糟糕的事情还在后面。8 小时之后，也就是 27 日上午 10 点，更惨烈的事情发生了。伴随着巨大的爆炸声，整个岛屿被炸得四分五裂。当尘埃落定，天空转晴的时候，人们惊讶地发现，2/3 的喀拉喀托已经沉入大海。

喀拉喀托喷发大盘点

1. 喷发时发出的响声之大，前所未闻。位于印度洋的罗德里格斯岛与喀拉喀托相距 4 800 千米之遥，该岛上的居民清晰地听到了火山喷发的声音，他们还误以为这是受到攻击的枪声。3 200 千米之外的澳大利亚人也被这响声给惊醒了。

2. 强烈的震动在海面掀起了巨浪，即所谓的海啸。掀起的海浪有 40 米高（相当于一座 10 层建筑的高度），席卷了附近的爪哇岛和苏门答腊岛。在这次严重的灾难中，约有 163 个村庄被大水冲走，36 000 人丧生。

3. 火山喷发出大量滚烫的火山灰和岩石碎屑，它们形成的火山烟云高达 80 千米。甚至在距喷发地点 6 000 千米之遥的船上，人们还可以看到火山灰如雨点般落下。（我打赌当时他们一定在想:地球怎么了？）

4. 大量的火山灰被喷发到天空中，遮天蔽日。以至于在之后的 10 年里，地球的温度下降了 1℃。1℃听起来好像没什么，但它却使冬天更加寒冷。飘浮的火山灰还使晚霞变成了耀眼的橙红色，它绚丽的颜色甚至惊动了消防队，因为有人误以为发生了火灾，向他们报了警。

5. 故事并没有就此结束。1927 年，当地人注意到喀拉喀托附近的海水又开始冒出气泡和蒸汽。两年后，一座全新的岛屿露出海面。这座新的火山岛被命名为安卡喀拉喀托，意思是"喀拉喀托之子"。到目前为止，安卡喀拉喀托一直静静地沉睡着。但千万不要被这表面的平静蒙骗了，我们必须记住：火山喷发是不可预知的，所以还是小心为妙。

你肯定不知道！

岛屿被误认为是潜水艇，这种事儿并不常发生，但位于地中海的海底火山费迪南德岛却千真万确地撞在了这个枪口上。1987 年，一架美国军用飞机以为它是敌军的潜水艇，斐迪南德岛因此惨遭轰炸。关于这座岛还有一个更为离奇的故事。据记载，这座荒岛位于西西里岛的海岸附近，最近一次露出海面是 1831 年 8 月。令人惊讶的是，6 个月后，它再次从海面上消失，只剩下它那可怜的峰尖。

生日惊魂

想象这样一个场景，你正愉快地在海里捕鱼，准备抓它两条来好好吃一顿。突然，船周围的海水开始冒泡，吱吱作响。接着，一个全新的岛屿出现在你面前。这听起来是不是有点儿像睁着眼睛说瞎话？但是，1963 年，这一切真实地呈现在一些冰岛渔民的眼前。幸运的是，《环球日报》的记者第一时间赶到了现场，报道了这件惊天动地的事情。

环球日报

1963年11月15日，冰岛南部

惊现喷火岛屿，渔民震惊

昨天，这艘渔船像往常一样出海打鱼，但这一天的可怕遭遇完全搅乱了渔民们正常的生活作息。现在，这些受到惊吓的渔民们正在休息。

昨天凌晨，渔民们在冰岛南部海岸捕鱼。起初，一切似乎都很正常，但好景不长。

"我们最先注意到的是难闻的气味，"一个渔民告诉记者，"气味超级难闻，就像臭鸡蛋一样。随后，在一丝风也没有的情况下，海面开始变得波涛汹涌。那幅景象实在可怕。"

接着，这些渔民看到海面上升起了一团滚滚的黑烟。一开始，大家都以为是哪只船着火了，但是，当他们走近才发现，根本就没什么船在那儿，而是另一番不可思议的景象映入他们的眼帘。另一位渔民接着讲述这个故事：

"烟雾是从海里冒出来的，"他说，"海水像煮沸了一样冒着泡，并且颜色也变成了一种非常奇怪的暗红色。我捕鱼这么多年，从来没有见过这种事儿。随后，大量的火山灰夹杂着岩石碎屑涌出海面，喷向空中。"

"我们当即决定打电话给本地电台，告知他们当时的情形，然后我们就离开了那里。"

等到下午3点左右的时候，连远在120千米以外的冰岛首都雷克雅未克都能看到那巨大的烟柱。随后，"烟雾秀"开始上演。每隔几秒，海面就会发生爆炸，随即向空中喷射出大量的熔浆和火山碎屑。当这些熔浆和碎屑掉进海水中时，它们会产生巨大的白色蒸气。

当地学校给那些兴奋的孩子放了一个下午的假，让他们有机会观看这一奇观。

"太棒了，"一个小家伙告诉我们，"最帅的是，我们逃过了两节地理课。"

地理学家克里夫·陶普博士告诉我们，这些被吓坏的渔民们其实拥有了一次千载难逢的经历。他们亲眼目睹了一个火山岛沿着大西洋中脊（海底的巨大裂缝，在裂缝中总会喷出火热的岩浆，附近的冰岛就是这么形成的）诞生了。等到惊吓情绪平复后，我相信他们一定会看到事情好的一面。现在，这座岛屿已经有了自己的名字，当地人叫它叙尔特塞岛，

这是一个古老的冰岛火神的名字。叙尔特塞岛，《环球日报》的全体员工祝你生日快乐！

根据目前所见，我们相信这件事情一定会在接下来的一段时间里成为热点。当然，你不会错过任何细节！通过我们的独家报道，《环球日报》的读者们可以了解到所有关于这座岛屿的最新消息。

在之后的两年里，叙尔特塞岛一直快速增长，面积达到了2.5平方千米。不过它仍然是光秃秃的，被厚厚的黑色火山灰所覆盖，似乎没有生物能在这样荒秃的地方生存。可是，就在短短的几个月之后，科学家们竟然在岛上惊奇地发现了第一株植物，可能是鸟或风把这株植物的种子带到岛上的。此后，越来越多的种子、鸟类、昆虫出现在这里，岛上的野生生物繁盛起来。

如果你对岛上的野生生物很感兴趣，那就跟随我进入下一章吧！下一章讲的全是荒岛上的动物，其中还有一些非常奇特的物种。赶紧忘掉无聊的宠物仓鼠和豚鼠吧！你将要遇到的动物取决于你选择居住的岛屿。你可能会遇到像小汽车一样大的乌龟，或者比人还大的口臭的蜥蜴。现在，跟着我，千万不要走散了哦……

荒岛生灵

　　岛屿是观赏野生动物的神奇宝地。为什么？答案很简单，因为很多岛屿都与世隔绝，那里的地理环境也非常特殊，所以生活在这些岛上的动植物在世界其他任何地方都无法生存。你可能会问，这些岛屿远离陆地、被深达几百千米的海水环抱，岛上那些顽强的、罕见的生灵最初是怎么到达那里的呢？

　　看看你是否能通过下面这个快速测试找到这个难题的答案。

c）它们是搭鸟类的顺风车到达那里的。（真／假）

d）它们是乘坐漂浮的原木到了那里的。（真／假）

e）它们是徒步到了那里的。（真／假）

答案

虽然有些难以置信，但这些都是真的！

a）一些植物的种子又小又轻，即使一阵微风，也能把它们带走，将它们吹到千里之外。如果这些种子在一个环境适宜的岛屿上着陆，它们就会破土萌芽。随着更多的种子以同样的方式到达，岛上的植物越来越丰富。这为之后到达的动物提供了充足的食物和栖身之所。很不可思议，对吗？

b）像椰子这样重量级的种子，由于它们是中空的，所以可以漂浮在水上，直到它们被冲上某座岛屿的海岸，然后生根发芽，长成大树。另外，椰子厚厚的、毛茸茸的壳不仅使它们容易

漂浮，还可以防止种子浸水。很多坚果类的种子都是如此。

c）一些种子的表面有一层黏性物质或者长着小钩子，这让它们能够附着在路过的鸟类身上。鸟喙、羽毛，甚至它们沾满泥浆的爪子都是种子藏身的好地方。这样，当这些鸟儿飞到某座岛上，那些种子也就跟着它们登陆了。所以，你也可以说这些种子搭了鸟儿们的顺风车。许多鸟儿喜欢吃茶树的果实，而且它们总是狼吞虎咽。然后，扑通一声，被吃进去的种子就随着鸟儿的粪便在岛上安家了。这听起来很恶心，在岛上着陆的种子却得到了一个很好的机会——发芽长成一棵棵美丽的新树。

d）这千真万确！一些顽强的水手，比如蜗牛、蜈蚣、蜘蛛甚至是蛇，它们会搭载着那些顺着河流漂到海上的浮木到达岛屿。旅程中的大部分时间，这些饥饿的乘客都只能蚕食浮木上仅有的一点儿植物和蔬菜。幸运的是，它们从不晕船。

e）在大陆岛上，你常常可以看到和陆地上一样的植物和动物。你能想到它们之间有什么关联吗？原来，在海平面还没有上升的时候，这些岛屿和陆地是连在一起的，动物们直接走过去就可以了。后来海平面上升了，被滞留在岛上的动物们便重新组建了自己的家园。

你肯定不知道!

非洲塞舌尔群岛上生长的巨型海椰子棕榈树有着世界上最大的果实——每一个都足足有50个正常大小的椰子加起来那么重。难怪当人们第一次看到它们时,狂喜不已。当地人认为海椰子有种神奇的力量,他们喜欢把它的果壳雕刻成巨大的杯子,并相信这样的杯子能够把致命的毒药变成无害的、提神的清凉饮料。这个古怪的想法有个小问题,那就是你需要尝一两口才能验证这种说法的真伪,但结果很可能是你的小命已经玩儿完了。

真是个疯子!

荒岛旅行

毫无疑问,观赏野生动物的最佳地点是在野外。对你而言,最幸运的是我们这次荒岛旅行拥有一些独家指定的旅游地。这种千载难逢的机会,你一定不想错过。不过接下来的体验可能会非常恐怖,你可要勇敢一点儿哦!那是什么?被蜘蛛吓呆了吗?担心自己会成为那些野生动物的盘中餐?不要怕,会有人把你保护得好好儿的。勇敢地为我们这次惊心动魄的旅行做导游的不是别人,正是岛上的洛基叔叔。没错,他腿上的伤疤都是被那些可怕的生物咬的,不过谢天谢地,它们看上去愈合得还不错。

嗨，伙计们，我是洛基，欢迎大家来到岛上旅行。我有多年在野外生存的经验，所以，大家完全可以信任我。但在我们出发之前，有几件事情需要说明。在我们的旅行中，遇到的大部分野生动物其实都很友好，它们连苍蝇都不会伤害。实际上，很多动物胆子很小，非常敏感，它们习惯了只有它们自己的荒岛。所以，请大家不要大声喧哗或者随意跑动。（是的，女士，如果你害怕得非常想跑，就跑吧，但看在上帝的分儿上，拜托跑得慢一点儿。）大家在给这些奇特的动物拍照的时候，一定不能把它们吓跑了，知道了吗？大家都清楚了吗？好的，我们出发吧！

1. 巨型陆龟

栖息地：加拉帕戈斯群岛

外形特征：看上去是个大块头，我的意思是说它看上去就像一只巨型的乌龟。这种动物能长到1.5米长，体重可达250千克。你能想象这么大的一个爬行动物在你的花园里四处翻找的情景吗？

这样的大话一度非常流行，很多游客声称他们曾把巨型陆龟当作一块巨型踏脚石，在它的背上走啊走，并且掉不下来！但事实远比瞎话来得残酷。在很多年前，为了捕食龟肉，水手们杀了很多巨型陆龟，几乎把它们赶尽杀绝了。而且，水手们对付这些大块头的手段也非常残忍，他们把还活着的巨龟翻转过来，四脚朝天绑在船上的储物室里，巨龟往往要忍受几个星期的折磨才会死去。而水手们则认为这样可以保持龟肉的新鲜和美味。简直是酷刑！尤其是对于这些本来在野外可以活到200岁高龄的巨龟！

先生，那是什么？不，我们不允许游客喂它们。通常，它们不吃任何蔬菜和水果，但这并不是因为它们挑食。事实上，如果有半点儿机会，这些大家伙就会吃掉离家在外的你，包括你的帐篷和衣服。哇，当心，女士，按住你的帽子……唉，太晚了！

2. 指狐猴

栖息地：马达加斯加岛

外形特征：它像是一个各种小型动物的集合体。实在难以想象，但这个小家伙却真实存在。它和宠物猫差不多大，有着蝙蝠一样的耳朵，兔子一样的长门牙，还有像狐狸一样的毛茸茸的大尾巴。

嗯，我知道，指狐猴并非人见人爱，但是它们是我的最爱。全世界只有马达加斯加岛上有狐猴，这小东西就是其中的一种。"嘘——"小声点儿。小家伙们既胆小又敏感，只有到了晚上才出来活动，其余的时间它们喜欢藏在树上，所以我们可能需要在这里等一段时间才能看到它们。趁着等待的时间，我再给大家讲讲指狐猴最与众不同的地方——它奇怪的中指。指狐猴的手指特别长，特别细，尤其是中指，有其他手指的3倍长，看起来就像一根枯树枝。你们能想到这奇特的中指有什么用途吗？指狐猴会用这根细长的手指敲击树枝，以寻找它最喜爱的食物——昆虫的幼虫。不幸的是，现在地球上的指狐猴已经没剩多少只了，因为它们赖以生存的森林由于人类的乱砍滥伐而正在逐渐消失，它们自己也因为被当地原住民认为是不祥的征兆而被大量捕杀。大家快醒醒，醒醒！我可不想你们因为打瞌睡而错过了观赏这种可爱生灵的机会，你们觉得呢？

荒野之岛大卷宗

名称： 马达加斯加岛

地点： 印度洋

面积： 62.7万平方千米

岛屿类型： 大陆岛

首府： 塔那那利佛

人口： 1 899.6万人（2007年）

荒野档案：

▶ 非洲第一、世界第四大的岛屿。

▶ 距今6 500万年以前，它一直是非洲大陆的一部分。之后，它与非洲大陆分离，成为一座独立的岛屿。

▶ 大自然的宝库。岛上3/4的动植物都是马达加斯加岛独有的物种，在世界其他任何地方都找不到。

▶ 在16世纪和17世纪，它是海盗们最爱光顾的宝地。

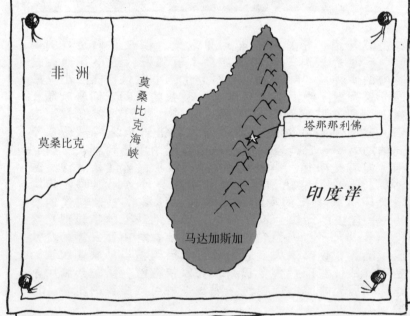

3. 天堂鸟

栖息地： 巴布亚新几内亚和澳大利亚

外形特征： 看上去和乌鸦的个头一般大，但外表却远比乌鸦华丽。雄性天堂鸟的头和尾巴上都有明艳亮丽的长羽毛。当有人第一次发现这种耀眼的鸟儿时，他们简直不敢相信自己的眼睛，世界上竟有如此漂亮的生物，所以他们认为这种美丽的生灵一定是从天堂来的。

现在，请大家准备好相机，接下来的景象绝对能让你们一饱眼福！这些美丽的小东西们喜欢炫耀自己华丽的饰羽，就像一些人喜欢在特殊场合穿上他们最好的衣服一样。雄性天堂鸟通过展示自己漂亮的羽毛来吸引配偶。它们往往把树枝当作舞台，骄傲地在上面展示自己艳丽的羽毛和迷人的舞姿。难怪过往的雌鸟都会拜倒在它们膝下，不过最终抱得美人归的通常是那只表现最突出的雄鸟。

4. 科莫多巨蜥

栖息地：印度尼西亚的科莫多岛和邻近几个岛屿

外形特征：其实这个怪物不过是一只蜥蜴，但是它却和你过去见过的蜥蜴并不太像。它的身体长达3米，是世界上最大的蜥蜴，有着像匕首一样的爪子、亮闪闪的眼睛和尖锐的牙齿。哦，差点儿忘了，还有一条和你手臂一样长、分叉的黄舌头。另外，它下颚处发达的腺体能分泌致命的毒液。

这个个头比成人还大的蜥蜴有着可怕的饮食习惯。它主要以野鸡、野猪和山羊为食，不管它们是死的还是活的。看看这些大个子在做什么吧！它们正躲在森林里静候午餐的到来。当有动物经过时，它们会猛扑过去，用强壮的四肢和锋利的爪子抓住这些倒霉的家伙，并把它们撕成碎片。非常恐怖！巨蜥甚至可以一口吞下整只山羊！这就是我所说的那种会把人吓得目瞪口呆的恐怖场景。先生，你害怕了？哦，看来是的，要不然你不会躲在我背后。你的脸色看起来不太好哦。

可怕的健康警告

如果你发现有巨蜥出没，不管当时在做什么，请一定和它保持距离。不要管那些迂腐的餐桌礼仪了，这些怪物蜥蜴的口臭令人作呕。哇！臭死了！闻过以后你会觉得自己的臭袜子闻起来都像一束玫瑰。另外，千万不要被它咬到，它们的唾液不仅充满细菌，而且还有毒。

好了，我们的旅行到此结束。感谢你们的到来，希望你们喜欢这次旅程。那是什么，孩子？噢，不，你最好别把科莫多巨蜥当作宠物来养。如果你带它出去遛弯的时候，那些可怜的狗狗们可遭殃了。现在，如果大家没有什么其他问题，我就先回家啦。不知道你们怎么样，但是我的脚已经疼得不行了，而且我也很想回去喝杯茶！

渡渡鸟之死

　　很遗憾，有一种岛上的动物你永远都没有机会再亲眼目睹了。如今，只有从科普图片或者拥挤的博物馆展览中，你才有机会看到它，因为世界上最后一只渡渡鸟在1681年就已经死亡了。你正跷着二郎腿，休闲地喝着茶吗？接下来的这个故事很可能会让你泪如雨下。这是一个关于渡渡鸟的真实的悲剧，这种鸟早已灭绝，它的踪迹只能在历史中找寻到。

　　千百年来，渡渡鸟一直幸福快乐地生活在位于印度洋上、终年阳光明媚的毛里求斯岛上。它们看上去像是一只只丰满的、有着蓬松的蓝灰色羽毛的鸽子。具体说来，它有着黄色的脚爪，又粗又短的小翅膀，巨大的黄绿色钩形鸟喙，另外，还有一簇卷曲的白色羽毛骄傲地立在尾巴末端。嗯，

这种鸟是长得有点儿古怪，所以它们没有标准的油画画像，也不会赢得任何一场选美比赛，可是它们温驯善良，不管和谁都能成为朋友。但后来，这一切都被改变了。一分钟前，渡渡鸟还在欢快地摇摆，沉浸在自己的世界里，但接下来，因为可怕的人类的到来，它们的世界发生了翻天覆地的变化。看看这些是怎么发生的吧……

16 世纪时，来自荷兰和葡萄牙的水手们在毛里求斯岛登陆，他们希望在岛上找到食物，加强船上的补给。当这群水手发现渡渡鸟时，他们简直不敢相信自己有如此的好运。笨手笨脚的渡渡鸟没有任何戒备，它们径直走向水手，但是水手们……他们竟然用棍棒将这些渡渡鸟活活打死。成千上万只的渡渡鸟被他们杀害，成了船上的食物储备（尽管渡渡鸟的肉非常难嚼）。更残忍的是，船上的老鼠和水手们带的猫也不放过这些可怜的鸟儿，它们贪婪地吞食着渡渡鸟的鸟蛋和幼崽。

当然，你不应该责备渡渡鸟，它们只是太顺从，太容易相信人类了。这种鸟已经与世隔绝了太长时间，并且已经习惯了只有它们自己的净土。和岛上的许多其他鸟类一样，它们不会飞，所以它们也没办法逃跑。其实它们本来也不需要会飞，你要知道，它们在岛上并没有什么天敌，因此根本不需要逃跑。更何况飞翔还会消耗能量，所以它们根本没有必要去扑腾那两只翅膀。

很不幸的是，在人类发现渡渡鸟之后不到 200 年的时间里，这种可怜的鸟儿就灭绝了。极度不幸的渡渡鸟，你多保重……手帕在哪里？

愿你安息
渡渡鸟
死于 1681 年

你肯定不知道！

最近，有位科学家注意到一桩怪事儿，它与一种生长在毛里求斯岛的树木有关。这种树目前在世界上只有13株，而且树龄都在300岁以上。也就是说，该树种从17世纪后期以来，就再也没有新的树木发芽——这和渡渡鸟灭绝的时间惊人的相似。它们之间会有关联吗？或者这只是个巧合？这位科学家百思不得其解，不过随后他得到一个惊人的发现。原来渡渡鸟正是以这种树的果实为食的，果实中的种子通过渡渡鸟排出的粪便得以传播。而且如果这些种子没有经过渡渡鸟的内脏，那它们就很难发芽。听起来岂不是给这种树判了死刑！但是科学家灵机一动，想出了一个挽救这一树种的好点子。他把这种树的果实让火鸡（他所能找到的最接近渡渡鸟的动物）吃下去，然后等待火鸡……你懂的。多亏他的种子实验，一棵新树很快就要发芽啦！

唉，我分明是小白鼠！

一次开创性的旅程

另一位研究荒岛生物的科学家是伟大的查尔斯·达尔文（1809—1882）。还记得他关于珊瑚环礁的大胆猜想吗？达尔文中学毕业后，就进了大学学医，但他好像并不擅长通过那些医学考试。后来他又被送去学习神学，家人希望他成为一名牧师，但同样的，

他很快就厌烦了。比起学习医学和神学，达尔文更喜欢花时间去乡村徒步，收集一些甲壳虫和其他昆虫。

在他 22 岁的时候，发生了一件改变他命运的事情。他以博物学家的身份，自费搭乘一艘进行 5 年环球航行的船只——"贝格尔"号。这艘船曾经航行到了南美洲，并在加拉帕戈斯群岛驻留。在那里，达尔文提出了一个足以改变科学进程的重大发现。下面是他给表姐的一封信，我们可以通过它看看达尔文是怎样描述他的这次航行的。

"贝格尔"号，离开加拉帕戈斯群岛，1835年10月

亲爱的艾玛：

希望这封信能够顺利到达。非常抱歉，几年来都没有给你写信，你知道的，我实在太忙了。自从我们的船离开伦敦，我就一直晕船，不过现在已经好多了。哦，停一下，我说得太快了……

北美洲

南美洲

加拉帕戈斯群岛

总之，我感到非常抱歉。我在哪儿？哦，是的，我们已经在海上4年了。这到底是一次什么样的航行呢？尽管常常生病，但我仍然很庆幸自己的幸运。现在，我已经开始觉得这艘船就是我的家了。我不得不和费兹洛伊船长一起住在一个小房舱里。说实话，这实在有点儿拥挤。就在最近，船长一直在抱怨我的杂

乱（他是指我那些珍贵的植物和动物标本）。他说小房舱里就快连下脚的地方都没有了，更别说腾出地方挂他的吊床。他走路的时候，总喜欢碰倒我那一堆堆的化石和动物骨头的标本，我总说他笨手笨脚的。不过，除了这些小矛盾，我们相处得还算不错。

现在，我们的船已经航行到南美洲，一路上走走停停，整个过程实在太让人兴奋了。当费兹洛伊船长待在船上绘制海岸线图时，我有大量的时间上岸去收集更多的爬行动物标本。到目前为止，一切都很顺利。只不过当我们航行到诡异的合恩角附近时，天气突然变得非常糟糕。一场巨大的风暴袭来，我们的船在暴风雨中剧烈地颠簸，这甚至让我感觉到了……对不起，言归正传。

我们旅途中最美好的时光是在加拉帕戈斯群岛上，在那里我们度过了难忘的5周。那儿真是一个奇异的地方，到处都是你在地球上别的地方根本看不到的神奇的动物。比如，岛上有一种长相丑陋的蜥蜴，它生活在大海里并以海藻为食。群岛上还有许多珍稀的海狮和鸟类。我做了很多很多标本（天知道我哪来那

么多地方放置它们）。我甚至骑过一只巨大的乌龟，不过骑起来很不稳当，害我险些从上面掉下来。后来吃晚饭时，我突然有了一个想法，原因是当时我们正在吃烤乌龟肉，空空的乌龟壳给了我启发。

你想，虽然在每座岛上都能得到乌龟壳，但是每种乌龟壳在形状上都有细微的差别。不同岛上的金翅雀也是如此。金翅雀是一种随处可见的小鸟，并没有什么特别之处，但是每座岛上的金翅雀各不相同，不同岛屿上的金翅雀的鸟喙形状有着细微的差别。我推测这肯定和它们吃的东西有关系，当然我还不是很确定。反正，这是一个引人深思的现象。噢，亲爱的，我真希望自己没有提到食物，它们让我感到有点儿恶心了……

希望早日相见
爱你的表弟

给挑嘴雀儿找食物

达尔文非常兴奋,但他怎样才能验证自己的理论呢?也许你能帮助他找出这些有着不同鸟喙的雀类在晚餐时最爱的美味佳肴!

① 薄而尖的鸟喙

莺雀

② 大而硬的鸟喙

地雀

③ 能够衔住仙人掌刺的鸟喙

拟鸳树雀

④ 厚而扁的鸟喙

仙人掌地雀

Ⓐ 种子和坚果

Ⓑ 水果和花蕾

Ⓒ 甲壳虫和蛆虫

Ⓓ 吃叶子的昆虫

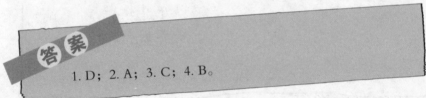

答案

1. D;2. A;3. C;4. B。

终于，事情有了些眉目。根据达尔文的推断，加拉帕戈斯群岛上的地雀都拥有共同的祖先——一种从南美洲飞抵这里的古老生物。但是，由于不同岛屿上的生存环境有着细微的差别，所以能提供给地雀的食物也不尽相同，于是这些鸟的觅食习惯和方式产生了区别。可以这么说，为了适应自己生活的岛屿所能提供的食物，这些地雀负责觅食的鸟喙渐渐地发生了变化，由此造成了不同岛屿上的地雀进化出不同形状的鸟喙的现象。而且这种方式会让它们之间少一些食物竞争，保证所有的地雀都能够填饱肚子。达尔文的这个推断同样适用于加拉帕戈斯象龟，正是它们不同形态的龟壳使它们能以不同的植物为食。多么高明的进化，不是吗？

荒野之岛大卷宗

名称：加拉帕戈斯群岛（即科隆群岛）

地点：太平洋

面积：7 844平方千米

岛屿类型：海洋岛

首府：阿约拉港

人口：2.14万人（2005年）

荒野档案：

▶ 加拉帕戈斯群岛主要由13座大岛组成，另外还包括8座小岛和40座更小的微型岛，位于离厄瓜多尔西海岸大约1 000千米远的海域。

▶ 这些岛屿实际上是海底火山露出海面形成的，而且这些火山现在仍然在喷发。其中最古老的一座岛屿已经400万岁了。

▶ "加拉帕戈斯"这个名字的西班牙语意思是"乌龟"，由此看来，是岛上的那些巨龟把这群偏远的岛屿搬上了地图。

▶ 1978年，为了更好地保护当地独特的野生生物，加拉帕戈斯群岛被列入世界自然遗产名录。

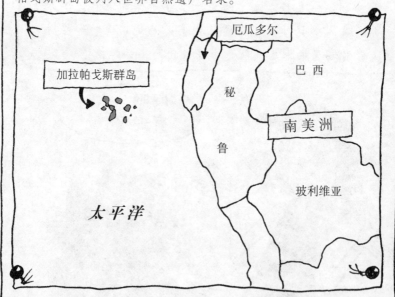

现在，你已经亲眼目睹了卡车大小的巨型陆龟，和硕大的科莫多巨蜥也来了次亲密接触，还和那些诡异的指狐猴眉目传情。想休息一下？想得美，继续赶路吧！我们把最有看头的荒岛生灵放到了最后。那些奇特的生物到底是什么？当然是万物之灵了。他们就在下一章，期待与你相见……

岛国众生

　　世界上有千百万人生活在岛屿上，各色各样的岛屿遍布全球，因此岛上居民的生活方式也各具特色，有些甚至令人难以置信。有的岛屿位置偏远、面积狭小，所以岛上杳无人迹；有的岛屿面积庞大，人口众多，在上面建立了一个个繁荣昌盛的国家。那么，岛上的生活到底有何神奇之处？嘘！下面就请伊斯拉给我们透露一些吧。她被委派了一项特殊任务——担任《环球日报》的旅行记者。我们派她去参观走访一些岛屿，揭秘那里人们的生活方式。麻烦的是，她只顾着享受这段难得的自由时光，导致我们一丁点儿关于她的消息都收不到。哎，太悲剧了，不是吗？当她飞到遥远的岛上逍遥自在

荒岛上的生活方式

大家好：

　　我现在已经到了萨摩亚群岛，它位于南太平洋夏威夷和新西兰之间，是一群火山岛。岛上到处是浪漫的沙滩、险峻的高山和茂密的森林。虽然现代化的生活设施在岛上已经随处可见，但有很多萨摩亚人仍然保留着传统的生活方式。以打鱼为例，他们捕捞鱼和贝类的方法和几百年前别无二致，不过你千万别以为这种传统的捕鱼方法很简单，它可是听起来容易做起来难。在萨摩亚群岛周围遍布着如削刀般锋利的珊瑚礁和险恶的洋流，多亏岛上的居民对大海了如指掌，他们知道在哪里既能捕到最好的鱼，又能保证自己安然无恙。通常情况下，他们都是划着独木舟，用渔网、渔叉和捕鱼夹来捕鱼。

爱你们的伊斯拉

英国伦敦
环球日报社
（收）

的时候，你却只能待在无聊的学校上着无聊的地理课。好像有点儿
不公平……哦，等等，有她寄回来的信。

萨摩亚

大家好：

从我昨天到达菲律宾以来，岛上就一直狂风呼啸、大雨倾盆，天气非常糟糕。这是因为菲律宾所处的地理位置刚好是一些全球超级大风暴的必经之路，所以它每年被猛烈的风暴袭击20次左右是平常事。1984年9月，菲律宾遭受了一场可怕的台风（一种强烈的热带风暴），岛上居民损失惨重。台风风速高达200千米每小时，所经之处一片狼藉。岛上约100万居民痛失家园，遇难人数超过4000人。另外，这场风暴还连根拔起了几百棵椰子树，岛上居民的大部分经济作物都遭到了毁灭性的破坏。这场风暴让菲律宾元气大伤，灾后恢复工作花了好几年。你们尽管叫我胆小鬼吧，无论如何，我都要离开这鬼地方。

英国
伦敦
环球日报社
（收）

爱你们的伊斯拉

菲律宾

我狼狈离开时的照片

大家好：

　　皮特克恩岛位于南太平洋的正中央，是一座面积非常小的火山孤岛。岛上居民全部加起来大概只有70人，但他们都非常顽强和坚韧。其实也难怪，为了生存他们必须如此。皮特克恩岛位置偏僻、与世隔绝，只有一艘船可以到达那里，而且每年只靠岸3次，带去岛上居民的生活必需品。可糟糕的是，如果遭遇恶劣的天气和风暴，船就很容易触礁。另外，这艘船还是岛民的邮差，所以一封信的送达或者发出往往需要几个月的时间。在皮特克恩岛上生活是非常艰难的，岛民只能以捕鱼和种植甘薯、橙子这样的农作物为生。

　　　　　　　　　　　爱你们的伊斯拉

英国
伦敦

环球日报社
（收）

皮特克恩岛

大家好：
　　日本由3900多个岛屿组成（虽然大部分日本人生活在其中最大的4个岛上）。你知道吗？岛国日本是世界上最富裕的国家之一。几乎所有的现代化设备，比如计算机、电子玩具甚至机器人，凡是你想得到的日本都有。我一点儿也感觉不到自己是在岛上，这里的城市又大又繁华，有许多人生活和工作在那里，跟大陆上没什么区别。而且，在日本，你很难感觉到这些岛屿是分离的，因为主要的几个岛屿之间都有桥梁和隧道相连，发达的公路和铁路让你可以自如地穿梭于各个岛屿之间。这张明信片的正面图片展示的就是架设在本州岛和四国岛之间的明石海峡大桥，它全长3911米，成为连通本州和四国的纽带。

　　　　　　　　　　　　　　　　　爱你们的伊斯拉

英国
伦敦

环球日报社
（收）

明石海峡大桥

荒野之岛大卷宗

名称： 日本

地点： 太平洋

面积： 37.78万平方千米

岛屿类型： 海洋岛

首府： 东京

人口： 12 774万人（2006年）

荒野档案：

▶ 本州岛是日本最大的岛屿，也是世界第七大岛屿，超过3/4的日本居民生活在本州岛。

▶ 日本每年大概发生地震1 500多次。

▶ 连通本州岛和北海道的青函隧道长达53.85千米，是世界上最长的海底隧道。

▶ 因为寿司、生鱼片在日本非常受欢迎，所以当地人每年都要在日本海岸附近捕获大量的鱼和其他海鲜。

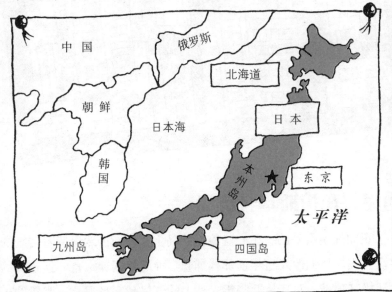

大家好：

　　现在我已经一路南下到了新加坡，这里是我整个旅程的最后一站。新加坡地处印度洋和太平洋之间，这种特殊的地理位置使这座小岛成为世界上最繁忙的港口之一，来自世界各地的船只聚集在这里装载或卸载货物。同时，新加坡也非常富裕，是世界上重要的金融中心。岛上大多数居民生活安乐，现代化设施应有尽有。唯一成问题的是它只是一座小岛，而且变得越来越拥挤，所以有限的空间变得越来越宝贵，为了充分加以利用，人们不得不修建起一座又一座的摩天大楼。

爱你们的伊斯拉

英国
伦敦

环球日报社
（收）

再见，布拉斯基特群岛

　　正如你所看到的，在一些偏僻的岛上，人们仍然保持着传统的生活方式。他们像几百年前那样捕鱼、种地和饲养家畜。但这样的生活极其艰难，尤其是近些年来岛上的气候越来越恶劣，肥沃的土地越来越少。于是，许多人离开了他们世代居住的岛屿到大陆去谋

生，其中不少人就定居在外不回来了。渐渐地，岛上的生活变得更加艰难，留在岛上的人越来越难以应对各种危机。这是一个可怕的恶性循环。某些岛民的生活陷入绝境，他们走投无路，只得背井离乡。这悲剧的一幕就曾经在位于爱尔兰西海岸附近的布拉斯基特群岛悲愤的岛民身上上演过。

下面是《环球日报》的一篇报道，它讲述了布拉斯基特群岛的人们令人神伤的故事。

环 球 日 报

1954年，布拉斯基特群岛，爱尔兰西南部

弃别家园

对于布拉斯基特群岛来说，昨天是令人伤怀的一天，因为岛上的最后一批居民也在这一天离开了。船起航的时候，这群最后的岛民纷纷向这个他们祖祖辈辈生活过的地方挥手告别。

"我的心都碎了。"其中一人泪流满面地告诉我们，"虽然离开了，但我永远不会忘记布拉斯基特群岛，它已经融进了我的血液。"

50年前，大约有176人住在群岛中最大的岛屿——大拉斯基特岛上。但是由于恶劣的条件和糟糕的天气使得岛上的生活变得越来越艰难，一些人不得不举家搬迁到大陆上去。还有一些人甚至穿越大西洋去了美国，在那里开始了他们的新生活。而对于那些留下的人来说，一切才刚刚开始。

美丽又孤单的布拉斯基特群岛与爱尔兰西南部的海岸隔海相望。对于坚韧的岛上居民来说，生活已经成为一种为了生存而进行的战斗。

"我们没有像电话这种时新的电子产品。"另一位岛民告诉记者，"我们同外部世界进行联系的唯一方式就是船，一旦碰上坏天气，这唯一的联系也会被中断。如果这个时候你很倒霉地生病了，那也只能等到天气变好，才能坐上船到大陆上去看病。"

岛上居民住的都是自己建造的石屋，屋顶覆盖有厚厚的沥青层，以保证房屋的防水性。大多数石屋都只有两个小房间——一个厨房（大小可够跳舞以及晚上圈养家畜），一个起居室（同时又是只能容纳两张床的卧室）。屋里家具不多，是用那些被冲到岸边的浮木做成的。没有自来水，没有电，更没有我们习以为常的现代化生活设施。他们喝的是井水，柴火也得自己动手去找，因为没有任何现代化的交通工具，他们只能把找到的柴火成捆地绑起来，让驴子驮回家。

在岛上生存面临的另一个问题是怎样才能吃饱肚子。岛上没有商店，居民们的食物只能依赖土地和大海。但是很多时候收获足够的食物并不是件容易的事儿。

"我们会种一些庄稼，比如土豆、燕麦和蔬菜。"我们被告知，"而且，很多人都会养上一两头奶牛和几只羊，有时候我们还会去山上抓几只兔子。不过，我们食物的主要来源还是大海。通常我们会划

着自己的小船，捕捞一些沙丁鱼、龙虾和螃蟹——真的很好吃！如果天公作美，我们就会满载而归；如果老天爷不配合，我们就只能空手而回，饿肚子了。"

艰苦的条件并不妨碍岛上的居民找机会去享受生活。

晚上的时候，他们总喜欢聚在一起唱歌跳舞，尽情娱乐。关于这个岛还有讲不完的趣事儿，比如他们喝上的第一杯茶竟然是大海送来的——曾经有一个装满茶的罐子被冲到岸上！尽管岛上的生活很艰苦，但是坚韧、自强的岛民们依然非常怀念他们曾经的家园。留守的老人和孩子已经不可能继续在岛上生活下去了，毕竟这样的一座岛屿实在不适合这些人的生存。

你能成为荒岛流浪汉吗

好好想一想，你是否强大到可以在荒岛上生活？别急，我们不妨通过下面这个快速测试来寻找答案。其实，最重要的问题是你将如何在荒岛上生存。你要知道，除了恶劣的天气，岛上还潜伏着许多其他危险。你可别以为荒岛漂流的生活就是整天划着船在海上闲逛，没事儿还能躺着晒太阳，真实的情景可不是闹着玩的！现在你知道该怎么让自己活下来吗？

重要提示

顺便提醒你，别以为我们会把你送到一座漂亮繁华的现代化岛屿上去！那样不就太容易了吗？我们会把你一个人丢在一座荒无人烟的孤岛上。现在，你确定还想试一下吗？

1. 你现在被困在荒岛上，口渴难耐，身边除了海水之外没有淡水。你该如何解决你的口渴问题？

    a）在地上挖一个深坑

    b）祈祷老天马上下雨

    c）喝自己的尿

2. 哦，亲爱的，刚说到水，就开始下大雨了！假如你已经搭建起了自己的小木屋，但是屋顶还没有完工。你能用下面的哪种材料做成不漏水的屋顶？

    a）干海带

    b）棕榈叶

    c）贝壳

3. 好奇怪的声音哦！听起来有点儿像雷声？哦不，是你的肚子在咕咕作响。也难怪，干了这么多活，你一定饿了，但是有什么可吃的呢？听说烤章鱼味道不错。你有什么方法能确保可以抓上一条呢？

    a）摇晃椰子壳引诱章鱼

    b）放置抓章鱼的诱饵

    c）用捕鼠夹子去捉

4. 啊！真是死里逃生！一个椰子从树上掉下来，差点儿砸在你的脑袋上。幸好它们都没开花。那你打算用这个椰子做点儿什么呢？

    a）储存东西

    b）保持卫生

    c）美味的点心

一顶不错的帽子

5. 几个星期过去了，只有你的宠物章鱼陪着你。（是的，我们注意到你最终还是没忍心吃掉它。）你快憋死了，很想找人说说话。你怎样才能迅速逃离这鬼地方呢？

a）游泳

b）造一艘独木舟

c）等过路的船只发现你

答案

1. a）不吃东西你也许能撑上几个星期，但是如果不喝水，你可能活不过3天。所以，如果运气好，可千万别错过救命的雨水，能喝就喝，并且尽量做些储备；如果天气晴朗、万里无云，你可以试着挖一个深坑去取地下水，要注意的是，挖洞的时候务必要远离海滩，否则最后挖出来的水还是会咸得要命。

2. b）在大多数荒岛上，棕榈树都随处可见。所以你可以就近找一棵，扯下它的叶子，并且把每片叶子从中间撕成两半，然后把它们平铺在房顶上。记住要把叶子整齐地交叠着铺放，这样才能防止漏雨。另外，为了安全，你最好把房子搭得高出地面一些，防止狡猾的爬虫、老鼠和蛇偷偷拜访你的家。除此之外，你还要保证房子四面通风，否则台风来了会被刮跑的。

3. b）如果想把你的午餐（章鱼）从深藏在珊瑚礁中的洞里引出来，你需要为它准备一个诱饵，下面是具体步骤：

▶ 找一块小石头。

▶ 用树叶和棕毛给石头化个妆，让它看上去像一只小老鼠。（好吧，这的确需要你发挥一下想象力。）

我见过丑老鼠，但没见过这么丑的！

▶ 让你的老鼠诱饵在章鱼洞前晃来晃去。

▶ 当章鱼探出头来看的时候，收起你的老鼠诱饵，抓住章鱼的触须。

轻而易举，是吧？顺便说一下，虽然椰子壳对章鱼不太好使，但对于抓鲨鱼来说却是上好的诱饵。首先，把你的诱饵投入海中，然后摇晃诱饵吸引鲨鱼的注意力。接着，你就可以把鲨鱼钓起来了。当然了，前提是你自己没被它拖到海里去。

鲨鱼汉堡，很不错的下午茶！

4. a）、b）、c）全部入选。是的，这3个选项椰子全都可以做到。如果你的驱蚊剂用完了，可以涂点椰子油代替，用

它来对付讨厌的蚊虫非常管用。记住，不是所有的油都有这个作用哦！如果你的肥皂用完了（记得什么是肥皂吗），你可以用椰子油来洗你的耳朵后面。当然了！椰肉也是相当美味的。如果你喜欢吃脆脆的东西，椰子壳外面的甲虫也是不错的选择。对了，为什么不试试小甲虫炒章鱼？不过吃的时候可要注意啦，千万别把它们的小腿小翅膀塞进牙缝里了，那滋味可不好受。

5. b）逃离孤岛的最好方式就是造一艘独木舟。你可以划着它到其他岛屿去找你的同伴，几百年来岛上的原住民都是用独木舟作为交通工具的。不过你需要自己动手，周围可没有商店。想一想，你会造船吗？好吧，还是我来教你吧。先砍一棵树，用刀或者斧头把中间挖空，然后在里面放两块木板当座位，再用一根木头做成船桨，大功告成！很简单，对不对？不过你可别把船弄翻了，否则你会被鲨鱼包围的。

现在把你的得分加起来……

答对1题得10分。

50分：恭喜你！你一定会成为一名优秀的荒岛流浪汉，因为你已经可以应对所有的危险，而且你从不想家。

30~40分：虽然你有过野外生存的经历，但你还有很多需要学习的东西。首先，你不能把所有抓来的东西都当作宠物，否则你会饿死的。哦，好吧，这条章鱼可以留下来。

0~20分：你根本不适合做一名长期的流浪者。你现在还不够强大，最好还是待在家里吧，起码在家里你不会被椰子砸了脑袋。

你肯定不知道！

　　你能否顺利逃出荒岛，很大程度上取决于荒岛所处的位置。如果荒岛的位置太过偏僻，那你想离开可没那么容易。位于南大西洋中的火山岛——圣赫勒拿岛就是很好的例子，这座岛孤零零地躺在大西洋中央，与周围其他岛屿的距离都很遥远，而且岛上遍布着坚硬的岩石，临海的地方都是悬崖峭壁。你打算靠游泳逃离这座岛？做梦去吧！你要知道，离它最近的岛屿都在1000千米之外。想象一下如果你一个人被丢在那里该有多可怕！然而正是这一特点使它成为关押犯人的最佳地点。在1815—1821年间，圣赫勒拿岛上就关押着历史上最著名的囚犯——法兰西国王拿破仑。我打赌他一定恨透了那里。

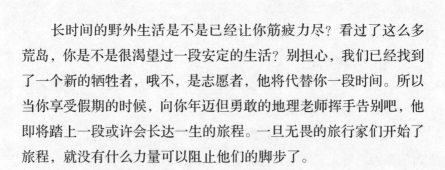

　　长时间的野外生活是不是已经让你筋疲力尽？看过了这么多荒岛，你是不是很渴望过一段安定的生活？别担心，我们已经找到了一个新的牺牲者，哦不，是志愿者，他将代替你一段时间。所以当你享受假期的时候，向你年迈但勇敢的地理老师挥手告别吧，他即将踏上一段或许会长达一生的旅程。一旦无畏的旅行家们开始了旅程，就没有什么力量可以阻止他们的脚步了。

岛上奇闻

数百年来，人们一直在探索荒野之岛。当然，这其中有些人并不是有意为之。我的意思是，如果你是一场海难的幸存者，当你发现自己还活着的时候，你所在的岛屿再荒凉你也会觉得很亲切。可有些人就不一样了，他们会在进行荒岛冒险之前做很详尽的功课。人们进行荒岛冒险的原因和方式多种多样，有些人觉得自己住的地方太过拥挤，于是就想到要寻找新的岛屿居住；有一些探险家是冲着钱去的，他们是为了寻找新的市场或原料产地；也有一些人只是想与大海来次亲密接触，狂欢作乐一番；还有的荒岛探险者只是在A、B两地之间做短途旅行；当然也有些冒险家则要跨越广袤无垠的海洋，有时候当事者甚至连自己的目的地都不清楚。你觉得你的地理老师能跟得上吗？

漫游的僧侣

在6世纪初，一位叫圣·布伦丹（生于公元484年）的圣徒从爱尔兰出发，开始了一趟非同寻常的旅程。他想找到美丽的"上帝应许给圣徒之地"——传说那是一座远离西方有如田园诗般的岛屿，但是没有人知道它的确切位置。勇敢的布伦丹首先必须跨越大西洋，如果他不小心迷路了，那麻烦就大了。和今天的水手不同，他既没有航海图也没有现代化的导航系统，更没有任何高科技的航海设备。这位勇敢的探险家有的只是一只由皮革做成的小船，套着一个木制的框架。皮革表面涂了一层油脂，据说这样会好看一些，而且防水，但愿如此！下面这张地图可能就是圣·布伦丹当时进行荒岛冒险的路线图。

格陵兰岛

⑦ 接着，这群僧侣穿越了更加危险和狂暴的大海，围着格陵兰岛的南海岸绕了一圈，那里离冰川还很远。幸运的是这些日子的天气稍微暖和一些，所以海面上没有太多浮冰，不幸的是天气依旧冷得要死。

⑧ 现在，他们依然一路向西，这已经是他们最后一段航程了。没用多长时间，他们的船来到一座半隐在浓浓雾气中的神秘的岛屿。当云雾散开时，僧侣们发现这是一个美丽的地方，满是果树、花草以及潺潺流水。你大概应该猜到了，经历了7年的跨岛旅行后，他们终于找到了心中的圣地。（地理学家认为这个岛就是纽芬兰岛，在北美洲的加拿大的东海岸外。）

纽芬兰岛

⑨ 但疲惫的僧侣们并没有花太多的时间放松一下，好好看一看这里的美景。他们很快就打道回府，返回了爱尔兰。他们认为这一路的艰辛跋涉就是为了那一刻的安宁和平静。

6 很快，他们来到一座岩石岛附近，但是他们不敢靠得太近。因为整座岛看起来像是一团燃烧的火，而且上面好像有野蛮的原住民在不停地向他们投掷烧得通红的岩石。他们只能赶快离开。（地理学家把这些岛叫作冰与火之岛，而僧侣们看到的正是一次猛烈的火山喷发。）

冰 岛

5 离开法罗群岛，僧侣们开始向西穿越冰冷的北冰洋。旅途并不顺利。他们被一个野蛮的海洋怪物穷追猛打（可能是鲸）。而且海上升起的那些刺眼透明的水柱（这可能是要命的冰山）晃得他们眼睛都花了。

法罗群岛

4 接下来到达的这座岛有点儿诡异，满目都呈古怪的灰色，看不到一株草或是一棵树，光秃秃的。据说当时僧侣们都饿极了，他们一上岸就开始点火准备午餐，这时整座岛突然动了起来！原来他们登陆的这座"岛"竟然是一条巨鲸的脊背，它刚刚只是打了个小盹儿。

3 继续向北航行，他们途经两座孤岛——羊之岛和鸟之岛，这名字可真有趣，你应该猜得到它们的来历。（地理学家认为它们属于法罗群岛。）

2 北行至苏格兰西海岸的时候，他们遇上了可怕的狂风，风把船吹到了一座高耸的岩石岛旁。（地理学家认为这座岛可能就是赫布里底群岛的一部分。）

爱尔兰

1 圣·布伦丹从爱尔兰出发，去找寻他梦中的乐土，随行的还有其他14名僧侣。他们没有带鼓鼓囊囊的行李，只带了一身换洗的羊毛衣服，一些用来修补船只的废弃皮革，还有装满水的皮壶和可以维持40天的食物。

✱据说圣·布伦丹有预知未来的能力，他能准确地预知航行的方向和目的地，而且每走一步心里都有数，带张地图倒显得累赘。如果我们也能这样度假，那该有多么轻松！

你肯定不知道！

　　问问你的地理老师是谁发现了北美洲，她必定会说："地球人都知道，是1492年克里斯托弗·哥伦布发现的。"事实果真如此吗？如果说圣·布伦丹比哥伦布早1000多年就去过那里，那这个问题的答案该是什么？1976年，英国杰出的探险家提姆·谢韦仑重温了圣·布伦丹的航行路线。这位探险家想对一群中世纪的文弱僧侣就靠一艘皮革小舟横渡大西洋，到达纽芬兰这个故事进行考证。那么，他是否如愿以偿了呢？是的，他重现了6世纪圣·布伦丹的海上传奇。当然哥伦布的运气也不错，提姆·谢韦仑并没有找到能够证明圣·布伦丹发现北美洲的证据。

我们来过这里吗？

看上去不像有人在这儿待过。

藏宝岛

荒野之岛除了能让冒险的僧侣们落脚休息之外，它们还是危险之徒——海盗的完美藏身之所，或者是他们的寻宝之地，这也许更加重要。在公海上游荡的贪婪海盗中，长相英俊的法国人奥利维尔·莱瓦瑟（1690—1730）是最残忍的海盗之一。绰号叫"秃鹰"的他从不放过任何一艘过往的商船，每次他都会残忍地杀掉所有船员，然后劫走

又是一桩好买卖！

秃鹰

船上所有的金银财宝。很恐怖对吧？奇怪的是，奥利维尔·莱瓦瑟小时候在学校可是个乖学生，成绩也非常优秀，那时候他最喜欢的科目就是历史和天文。但他很快就厌倦了学校的功课，前往大海，成为一名超级海盗。

多年来，嗜血成魔的"秃鹰"吓跑了加勒比海的所有船只。后来他听说在印度洋可以捞到"大鱼"，于是就把他的"业务"扩展到那里。果然，印度洋成全了他。在一个阳光明媚的日子，他遇到了一艘由于一场可怕的风暴而搁浅的船的残骸。谁也不会想到，船上满满当当的都是金条和银条，船舱里塞满了金币、珍珠和钻石，还有华丽的丝绸和贵重的工艺品。"秃鹰"咽了口唾沫，他不敢相信自己的眼睛，他做梦也没想到自己能够拥有如此多的宝藏，这可不是一句"很有钱"就能形容的啊。

在他一夜暴富的同时，他那英俊的脑袋也变得身价不菲——他被政府悬赏通缉。为了不人财两空，他得找个十分安全的地方把宝藏埋起来，而且他必须尽快找到！那么，我们这位富翁海盗会挑选个什么地方呢？或许在他的秘密日记中，你可以找到一些蛛丝马

迹。问题是你敢不敢来偷偷瞄两眼呢？（如果被秃鹰抓住，可不要怪我。）

我的绝密日记
秃鹰（就是我本人）

笑对死亡
（注：我可没有开玩笑）

很恐怖，是吗？

多么美妙的一天啊！猜猜今天发生了什么事？哈哈，我只不过截获了一艘顶级宝船而已。从此，我就是一名超级大富翁啦！船上装满了黄金、白银、钻石……还有大笔大笔的钱。噢，我发财了！我发财了！我发财了！（简直是帅呆了！）

实在太令人兴奋了！当然，这些可不是白来的，不然他们也不会平白无故地叫我"秃鹰"了，我想你懂的！当时，我从天而降，落到那艘船上，抢走了宝藏，就像一只，呃，秃鹰。不过，我可不能得意忘形。现在我需要找一个既美丽又安全的地方，把我心爱的战利品藏好了。嗯，让我好好想想。哦，有了！我要把它埋在塞舌尔群岛的马埃岛上，我想以后应该会去那里度假。就把宝藏藏在那个叫▬▬的地点，就在岩石旁边，▬▬下面一点儿。

抱歉，这里弄脏了，看不清楚。

那儿很安全，没人能找到，即使再过100万年。嘿嘿！等我退出江湖了，我会去找它们。把这些宝藏馈赠给……我自己！

94

不幸的是，这个爱吹牛的"秃鹰"很快就好运到头了。他被捕了，因海盗行为被审判，最后被判定有罪并处以绞刑。因此他一直没能实现自己疯狂购物的愿望。但这位喜欢出其不意的海盗在最后又留了一手：当他被带向绞刑架的时候，他向人群中扔了一张纸，并喊道："去找我的宝藏吧，如果你能行的话。"

想象一下你能用这笔财富做些什么！你可以买到所有最新的光盘和电脑游戏，每周有 7 天可以穿全新的跑鞋，再也不用过勒紧裤腰带的日子……不过，暂时距离你一夜暴富还差小小的一步：找到宝藏！你能在"秃鹰"的藏宝图上找到一丝线索吗？

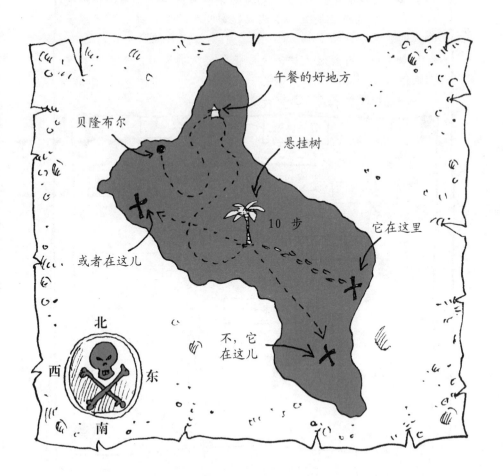

荒野之岛大卷宗

名称： 塞舌尔群岛

地点： 印度洋

岛屿类型： 大陆岛

面积： 455平方千米

首府： 维多利亚

人口： 8.4万人（2007年）

荒野档案：

▶ 由115座小岛组成的群岛。

▶ 大约6 500万年前，印度板块漂移时留下了一块巨大的陆地，后来这块陆地被海水淹没，露出海面的那些山顶组成了今天的塞舌尔群岛。

▶ 岛上有着迷人的风光和惊险刺激的海滩，是备受欢迎的度假之地。

▶ 18世纪之前，岛上一直无人定居。

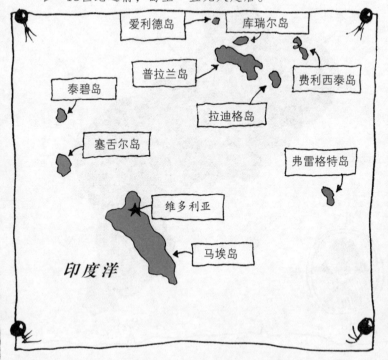

如今，仍然有人在塞舌尔群岛的各个角落搜寻，希望能找到被"秃鹰"埋藏的宝藏。在这些人中，有一位退休的英国士兵——雷金纳德·克鲁斯威尔金斯，他已经在岛上忙活了30多年。雷金纳德认为，岩石上的那些神秘标记都是寻宝线索。他花了数千英镑置办了一些装备，在地底下挖了很多坑和隧道。但遗憾的是，除了一两枚古怪的硬币之外，他一无所获。我在干吗？哦，很高兴你问起这事儿。我，嗯，只是做一点儿……呵呵，园艺。

遗失的岛屿

　　一毛钱都没有挖出来吗？这个坏消息的确令人失望，好在岛还在那里。这比起已经消失了千百年的亚特兰蒂斯来说，已经算是万幸了。你现在是不是特别想知道亚特兰蒂斯的具体位置？还特别好奇它到底是怎样消失的？可惜，我只能向你说声抱歉，因为答案根本就没有人知道。有很多家伙和你一样好奇，他们甚至还尝试去探寻亚特兰蒂斯的踪迹。不过结果总是很遗憾。既然要找到亚特兰蒂斯的踪迹显得困难重重，那么我们决定推出重磅级人物——首席侦探王尔德——由他来进行调查。事实上，无论是谁，如果他能揭开亚特兰蒂斯之谜，他就是我们的"王尔德"。下面，就是这位首席侦探找寻亚特兰蒂斯的私家笔记……

失踪岛屿档案——亚特兰蒂斯

这是我接手的案子中最为棘手的一个。因为在寻找失踪的岛屿方面，我还是一只菜鸟。我知道这不是一个普通的案子，所以我偷出了警察局关于亚特兰蒂斯的秘密档案。为了找出线索，侦探们有时候也不得不采取些"非常手段"。

读完档案后我悲惨地发现，要找出一座失踪N年的岛屿真是说起来容易做起来难。档案中最后一次关于有人看到亚特兰蒂斯的记录都是几千年前的事儿了。那本古老的档案上面，灰尘厚得像长城的城墙，翻开它的时候进了我一鼻子灰，呛得我差点儿背过气去！

我坚持着把这本档案读完了，发现有一个人的名字常常会冒出来，所以我希望这能给我一些线索。这个人就是希腊先哲柏拉图。虽然他不能加入我的调查队伍，但是我抄到了他在世时留下的一份关于亚特兰蒂斯的描述。

根据柏拉图的描述，亚特兰蒂斯是一个风光如画、物产丰饶的岛国，有着美妙绝伦的宫殿和强大的政权。说真的，这样的描述使我感到震撼。亚特兰蒂斯的国王拥有强大的军队和庞大的帝国（当然，柏拉图自己也没有亲眼见过，他所有的描述都是根据传闻而来的。）那里的一切听起来是如此美好，但在一个灾难性的日子，这一切都瞬间毁灭。那一天，狂风巨浪淹没了这座美轮美奂的岛屿，从此它便消失得无影无踪。哎，白痴都明白，这些描述里面其实并没有太多线索。没办法，我只能让我的助手根据目前找到的这些少得可怜的资料，设计了一幅寻找这座消失的岛屿的海报：

寻岛启事

你有看到这座岛吗?

名字: 亚特兰蒂斯

最后出现的地点:

不清楚。可能是大西洋的某处,或者是太平洋?又或者,在地中海也不一定。

显著特征:

面积很大的一个岛,首都建在山上,国王居住在位于山顶的奢华宫殿里。一条巨大无比的水渠把亚特兰蒂斯和海洋连接起来。如果有岛屿具备这些特征,或许就是它了。

悬赏寻找失踪的岛屿

海报也没帮上什么忙。我们复制了很多份，能贴的地方都贴了，可是没有人和我们联系。没有目击者，没有确凿的证据，线索少得可怜，岛屿的真实模样也不清楚，我当初真是脑子进水了，要不然怎么会接手这样一个棘手的案子，连一丝告破的希望都没有。你认为我疯了？不不不，我没有。如果你真想知道的话，也不妨告诉你，我是快要被它气炸啦！

亚特兰蒂斯，你在哪里

尽管我们动用了首席侦探去寻找亚特兰蒂斯，但是结果并不尽如人意。或者，你就能够揭开亚特兰蒂斯之谜。别担心自己不知道答案，这有什么，放任想象的野马，尽情去猜就是。在下面4座岛中，你认为哪一座最有可能是亚特兰蒂斯？

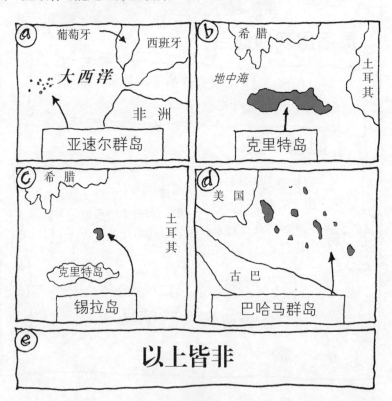

答案

a）绝对不是！以前曾有人认为大西洋中的亚速尔群岛是由亚特兰蒂斯沉没后露出水面的山峰组成的。但是后来地理学家证实了亚速尔群岛的真实成因，它是由于海底火山的爆发而形成的。

b）有可能。克里特岛位于天气晴朗的地中海，属于希腊。和亚特兰蒂斯一样，那里早在几千年前就诞生了伟大的文明，而且在历史上还遭受过来自超强地震的毁灭性打击；但是，和亚特兰蒂斯不同，这座岛并没有沉入大海，消失无踪。这对于每年到这里休闲度假、多达千万的游客们来说可是个值得举杯的好消息。

c）有可能。锡拉岛是另外一个属于希腊的岛屿，和克里特岛离得很近。大约在公元前1450年，锡拉岛上发生了剧烈的火山活动，没想到这次火山活动竟然把岛的一大半给吹走了。所以，很有可能锡拉岛就是亚特兰蒂斯哦。至少有一部分科学家是这样认为的。他们宣称已经发现了被火山灰掩埋的城市废墟，并且据此推测，亚特兰蒂斯和锡拉岛其实就是同一个地方。

d）开玩笑吧？完全不可能！1968年，有航海者在巴哈马群岛所在的海域，发现了数以百计的巨石，它们垒在一起，好像是什么建筑似的。这些巨石从何而来？它们又是怎样被运到巴哈马的呢？这巨石建筑有可能是亚特兰蒂斯神庙的废墟或者是古街道的一部分吗？科学家们的回答是：他们觉得这些石头都是自然形成的，和消失的亚特兰蒂斯没有任何关系。

e）最有可能的答案！地理学家认为，其实无须对亚特兰蒂斯的消失太介意，因为我们连能证明它真实存在过的证据都还没有呢。也许亚特兰蒂斯是柏拉图那个老先生杜撰出来的。再说专家也不可能什么都知道。说不定亚特兰蒂斯的废墟仍然深埋在海洋的某处，静待我们去发现。你说呢？

刁难老师

哦，看来这次你的家庭作业真的是被狗吃啦。狗吃作业不要紧，问题是你怎么向老师交代呢？其实处理这种情况很简单，用有品位的问题转移老师的注意力就可以啦。

求求您了，老师，请问面包是长在树上的吗？

野餐的时候三明治没带够？

答案

面包当然可以长在树上了。好吧，我承认我有点儿夸张。但是，至少面包树是有的。你是不是从未听过这样的怪事儿？面包果是绿色的，个头有足球那么大。这种果实有很多种吃法，价格便宜，面包树也很容易成活。事实上，你甚至可以大言不惭地说，它们是继切片面包以后所发现的最棒的东西。不过在18世纪，伦敦的一些富有却卑鄙的大人物们却利用面包果酝酿了一个狡诈而且一毛不拔的计划：他们打算派一艘非常大的船航行到南太平洋上的塔西提岛，去大量收集这种面包果，然后再把面包果运到西印度群岛，当作他们自己在那里的奴隶们的廉价食品。于是在1787年，布莱斯船长带着这群伦敦铁公鸡们给的赏金和他的全体船员乘坐"邦迪"号出发了。不过，旅程并不怎么好过。等到1789年4月他们离开塔西提岛的时候，船员之间的矛盾白热化。船长的得力助手弗莱切·克里斯坦发动了一场叛变，他把面包果扔进大海，把船长和几个忠诚的船员都丢在一条小船上。可是叛乱者依然没什么安全感，他们急需找到藏身之所，那里得人迹罕至，与世隔绝，只有这样他们才能逃避追捕，免受惩罚。最终，叛乱者们发现了皮特克恩岛——一个完美的地方。这个地形崎岖的小岛方圆不过5平方千米。结果呢，他们隐藏得可真够深的，一直到最近几年人们才发现这个秘密。今天生活在那里的岛民中的大部分都是当年叛乱者的后代。所以你看，"面包果"事件也并非毫无结果。

他长得真像他的曾曾曾……祖父。

波利尼西亚人之谜

为了摆脱危险，叛乱者们逃到皮特克恩岛。但是在茫茫大洋中，皮特克恩岛就如沧海一粟。况且，在太平洋上，还有成千上万座像皮特克恩岛这样的与世隔绝的岛屿，它们的情况怎样呢？这些岛上的岛民们的祖先当年是如何去到那里的？比如说波利尼西亚，多年以来，波利尼西亚人到底来自哪里这个问题一直令地理学家们头疼。

你肯定不知道！

　　波利尼西亚（Polynesia）的意思是"众多岛屿"，当然，这个群岛也的确配得上这个名字。它是由位于太平洋中南部的大约25 000座岛屿所组成的三角形岛群，这个三角形的顶角是北边的夏威夷岛，两个底角分别是新西兰岛和复活节岛。波利尼西亚群岛的一部分岛屿是高山和丘陵地形，其余的则是一些地势低洼的珊瑚礁岛。你是不是被搞晕了？伊斯拉的这张手绘图可能能为你提供一些帮助。

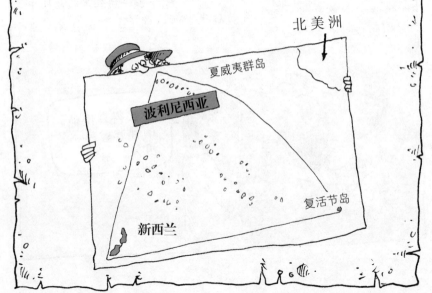

木筏勇穿太平洋

　　勇敢的波利尼西亚人是天生的水手。在欧洲人压根儿没听说过太平洋的时候，波利尼西亚人已经在太平洋中摸爬滚打很多年了。为了寻找理想的家园，他们精心地准备每一次的远航和探险，甚至会带上他们种植的植物、活蹦乱跳的动物，跳进他们大型的、双桨位的独木舟木筏，划着它越洋过海，去寻找梦中的家园。

大多数地理学家都认为波利尼西亚人是 2 000 年前的东南亚人的后裔。但是，挪威学者索尔·海尔达尔（1917—2002）却持不同的观点。他认为第一批波利尼西亚居民来自南美大陆，他们划着木筏，顺着洋流，穿越太平洋。没有人愿意相信他的理论，因为专家觉得这很可笑，理由很简单：人类不可能乘木筏横渡太平洋。就算这个木筏子不沉，恐怕船上的人也早就掉进海里喂鲨鱼了。不过固执的索尔坚信自己的观点，他要用事实来驳倒对方。他成功了吗？下面是《环球日报》对这次几乎没有胜算的冒险的报道。

环球日报

1947年8月

波利尼西亚：土阿莫土岛

晴空万里，挪威顶级冒险家索尔·海尔达尔站在土阿莫土岛上，为自己终于完成了这次史诗般的冒险旅行而欢呼庆祝。1947 年 4 月 28 日，索尔和 5 名伙伴坐上一艘以传说中的太阳神命名的原始木筏，从秘鲁的卡瑶港出发。随后的 3 个月，这 6 人漂流在汪洋大海上……直到几天前，他们的木筏在珊瑚礁上搁浅了。

能够乘坐木筏航行这么远，索尔感到非常兴奋。他得意地告诉记者："专家们说我们根本不可能做到，但事实证明他们是错的。我现在的感觉就像登上了月球一样，超棒！"

建造木筏

在秘鲁，索尔和他的团队花了好几个月的时间用于建造这艘特别的木筏——完全仿造古代南美水手的制作

工艺，每个细节都力求保持原汁原味。其中，寻找古代建造木筏用的木材是最难的。

"不幸的是，找木材这件事儿真是说起来容易做起来难。"索尔告诉我们，"买到轻木其实很简单，难就难在要找到那种完整的原木。后来，有人告诉我们只有在丛林中大型树木最密集的地区，才能找到完整的轻木原木。为此我们可真是花了不少的气力。"

历经千辛万苦，他们最终得到了9根巨型原木，将它们绑在一起，木筏就制作成功啦。它有竹制的甲板、很小的船舱以及船帆和控制方向的船桨。接着，他们在木筏上准备了充足的供给。在这些供给中，索尔用军用口粮代替了古代南美水手们最常吃的红薯和骆驼干肉，此外还有684箱菠萝，搞笑吧！

穿越太平洋

最终，在4月28日，他们的木筏扬帆起航了。他们亲切地称它为"椰子牛奶"号，当然这只是小名儿，这艘木筏的官方名字叫作"太阳神"号。对于索尔和其他5位船员而言，这是他们完成航行前最后一次看到陆地。在他们和本次冒险的目的地之间，等待他们的是将近7 000千米的宽阔海面。

之后的101天，他们的木筏一直顺着洋流向西行进。整个旅程危险重重，他们既要和滔天的巨浪搏斗，还要提防那

些吃人的鲨鱼和滑腻腻的成群的水母。

有一次，他们被一条巨大的白鲨（并没有攻击性）纠缠上了，它能轻松地把木筏整个儿掀翻，索尔和同伴们不得不躲在小小的船舱中，而且全身都湿透了。然而更糟糕的事情还在后面。当他们航行到一半行程的时候，突然遭遇了一场超级风暴，成吨的海水打在甲板上，一个队员还掉进了海里。（幸运的是，他最终安然无恙。）但是，毫无疑问，他们一路上都在与死亡博弈。

噢耶，陆地！！！

7月30日，这群饱受磨难的家伙们终于再次看见了可爱的陆地，一座小岛在远方静静地躺着。短暂的兴奋之后，他们发现在木筏和小岛之间竟然横亘着一片巨大的珊瑚礁。尽管他们用尽心思，费尽力气，但狂风总是把他们吹向那片像剃刀一样锋利的珊瑚礁。可怜的木筏在连续撞击之后，快要散架了，船上的人们拼尽全力才保住了自己的性命。索尔向我

们描述了这次惊险的历程。

"在那样的条件下，肯定会触礁。"他说，"海洋在怒吼，声音由小变大，由大变小，像一只可怕的怪兽。木筏就像被魔法杖施了魔法一般，完全变形了。我和同伴们都很清楚，这艘木筏撑不了多长时间了，没过几秒，我们的原本美好的船上世界瞬间被风浪撕了个粉碎。"

虽然历经了一场巨大的灾难，幸运的是，整个团队中并没有人受重伤。在恢复意识之后，他们发现自己身处在一座很小的岛上，索尔称它为"天堂"。最重要的是，他们做到了这件别人认为不可能的事情。他们已经很好地证明了用木筏子横跨太平洋是完全有可能的，让那些可笑的专家们都见鬼去吧。

所以，没有你的旅程，你的老师进展得怎么样了？他会因为那两节地理课而及时赶来吗？或许，他仍然不会操控他的船走直线？当然，比起那些古代的水手需要克服的困难，现代这些所谓的岛上奇闻都不过是小儿科，你需要做的不过是坐船或者坐飞机，并且准时到达目的地而已。如果你仍然没有找到你的梦之岛，那我奉劝你最好赶快吧，否则等到全世界的岛屿都被淹没了，那就太迟啦！

危机四伏

来自官方的消息表明，尽管岛上有台风、有海难、有火山喷发，但是人类还是热衷于去那里旅游。那么，岛屿真的能够完全承受人类的追捧吗？虽然大多数岛屿看起来坚不可摧，但是你千万别被它的外表蒙蔽了。因为有些岛屿很小并且与世隔绝，它们可比看上去脆弱得多了。

可怕的游人

每年全球有千百万游人涌向世界各地的岛屿去度假。加勒比和希腊的岛屿就是很好的例子，晴朗的天气、温暖的海水和浪漫的沙滩，简直是度假的完美场所。不过，随着游客逐年增多，这些岛屿开始有些不堪重负了。正在对你的下一次海岛游充满期待吗？那么，你可能需要重新考虑一下你的计划了。

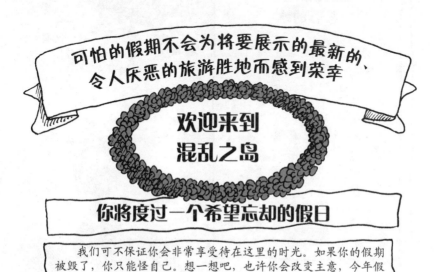

可怕的假期不会为将要展示的最新的、令人厌恶的旅游胜地而感到荣幸

欢迎来到
混乱之岛

你将度过一个希望忘却的假日

我们可不保证你会非常享受待在这里的时光。如果你的假期被毁了，你只能怪自己。想一想吧，也许你会改变主意，今年假期不出门。

都是酒店惹的祸

当你在酒店的房间里享受放松一刻的时候，不妨考虑一下，你下榻的酒店是如何出现的？度假游客一天比一天多，需要在岛上建设更多的酒店（更不用说道路和机场了）。于是，绵长的海岸变成了钢筋水泥建筑，而海滩和珊瑚礁则被用作建筑原料。

恶心的水

有什么能比在海水里嬉戏，在海滩上游玩的一天更美好呢？但是，你的快乐可能正建立在海洋的痛苦之上。讨厌的人类总是直接向海洋排放废物，让海洋生病。听起来很恶心，但这绝对是事实。你可以猜到，游客越多，意味着海洋需要处理的垃圾就越多。好吧，你现在还想去凑这个热闹吗？

干渴的小岛

晒了一上午的日光浴，你一定打算来一杯提神的饮料。但是如果你想喝的是一杯水的话，可能要等很久才能实现这个愿望。在很多小岛上，淡水的供给严重不足。一个季节下不了几场雨，但是豪华的假日酒店、游泳池和高尔夫球场却在奢侈地用着大量的淡水。

可怕的假期

今日特别行动

珊瑚礁遗址游

你想看天然珊瑚礁？唉，别自寻烦恼了！因为天然珊瑚可能都已经死了。除了被偷去制造珠宝或纪念品外，海水污染也在毒害着它们，连一艘渔船或是大的游轮停靠抛锚时也会毁损它们，给它们带来极大的灾难。

来自旅游部门的提醒

问题在于，许多小岛的生存都在依赖旅游业的发展，而过多的游客又会破坏这些小岛。一旦这些小岛变得混乱不堪，旅游者也就不会再来了！这真是一个可怕的恶性循环。

一声巨响之后……

与世隔绝的最大危险在于你极容易被坏事瞄上。想象一下这样的场景:你是太平洋中的一座小小的珊瑚礁岛,当爆炸发生的时候你还沉浸在自己的世界中,可爆炸声过后,你已经被炸成碎片!这一切并非源于一座能量巨大的火山的喷发,而是1946年7月发生在偏远的比基尼岛上的一幕,由于美国挑选这座岛作为检验核武器的完美的实验场地,所以才造成这样毁灭性的结果。这里是一个亲历了这件地动山摇的大事,对核弹厌恶透顶的岛民对这件事的回忆。

左尼的故事

虽然我当时只有10岁,但我对这件事情记忆犹新。你知道的,它完全颠覆了我们的生活,至今还无法恢复正常。老实说,我并不指望有可能恢复正常。这场噩梦始于1946年3月,当时岛上共有168人,我们全家世代都生活在那儿。 我们被告知必须搬到另一个岛上去,因为我们的岛将被用于核弹爆炸实验。当时我们并不清楚这一切意味着什么,即使清楚我们又能做些什么呢?我们只是生活在一座小岛上的普普通通的居民而已。不管说什么,几个月之后他们向小岛丢下了核弹,我还记得当时看到的那朵巨大的蘑菇云,那真的是一幅可怕的景象。我当时就预感到,很可能再也见不到我美丽的家乡了。

从那以后，我们就开始了居无定所的日子，总是从一座岛搬到另一座岛，搬来搬去。等搬到金丽岛的时候，我们已离家乡800千米之遥。而且，在金丽岛上生活是孤独且艰苦的，岛上没有可以打鱼的礁湖，也没有可以停船的港湾。并且，由于岩石太多我们无法种粮食，因此挨饿是常有的事儿。

与此同时，越来越多的核弹在我的故乡小岛上继续爆炸着。

20年以后，终于有人告诉我们可以安全回家了。这消息太好了，我们都不敢相信。有些人家立马就搬回去了，但是绝大部分还是因为害怕而不敢回去。我们知道，这些爆炸会释放置人于死地的辐射，那会损伤我们的皮肤甚至引起致命的疾病，比如癌症。我们不想冒这样的风险。后来，事实证明我们的决定是正确的，这些放射性物质已经污染了水源，土壤中也都充满了致命的化学物质，岛上什么庄稼都无法生长。于是，搬回去的人们又都纷纷搬了出来。

当然，也有些事情一直未变。现在我已经是一个垂暮老人，一直以来都为可

以再回去看一眼我的故乡而努力。但我并不确定这个愿望在我的余生能否实现。每次想到这里我都感到万分难过。

岛屿被致命的辐射所摧毁好像还不是最糟糕的事情。一些不幸的居民正面临着另外一个可怕的问题——他们所生活的小岛正处于下沉并被淹没的危险之中。

荒野之岛大卷宗

名称： 马尔代夫群岛

地点： 印度洋

面积： 298平方千米

岛屿类型： 海洋岛

首府： 马累

人口： 39.5万人（2011年）

荒野档案：

▶ 由印度洋中约2 000座珊瑚岛所组成。

▶ 所有的岛屿都在海拔2米以下。

▶ 有200座岛有原住民居住。其他许多岛屿被开发为只向游客开放的度假村。

▶ 大多数的居民都靠打鱼和在度假酒店工作为生。每年约有36万名游客前来参观游览。

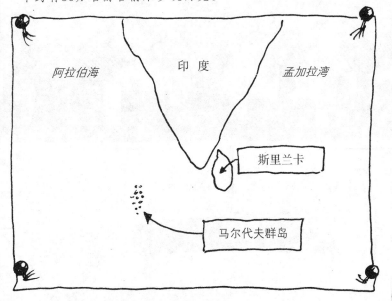

正在下沉的感觉

水晶般清澈的潟湖，浪漫的沙滩——马尔代夫的确是一个无与伦比的度假胜地。但是，非常遗憾，这些美丽的岛屿也许存在的时间不会太长了。对此人类应该受到谴责。为什么？因为人类使地球产生了温室效应，科学家称之为全球变暖。你可能会认为这是一件好事儿，尤其对于度假胜地来说。但是事实并非如此，全球变暖可能会招致大的灾难，它是一个可怕的气候警报……

1. 可怕的人类向大气中排放了成千上万吨温室气体，比如二氧化碳。这些气体来自：

小汽车

工 厂

燃烧树木

当然也包括你呼出的气体

2. 可怕的温室气体就像一条巨大的毯子，裹在地球周围，围困着地球上来自太阳的热量，致使地球暖烘烘的。

3. 同时，这条紧裹着地球的可怕的毯子，还使地球上一些多余的热量无法释放到宇宙中，这也造成地球越来越热。

4. 如果地球太热的话，那么地球两极的冰盖和冰川就可能会融化……

5. ……冰川的融化导致海平面上升，那么海拔比较低的岛屿，比如马尔代夫，就会被海水淹没。

有创新精神的岛民已经建造了新的、地势高的人工岛,一旦发生洪涝,他们就可以搬到安全的新岛上居住。多年以来,他们也在一直拼尽全力去阻止全球变暖的脚步,但是进展得极为缓慢。留给他们应付这即将发生的可怕事件的时间越来越少了,海岸线已经不堪重负。事实上,他们脚下的土地正在慢慢消失,不断上升的海水不仅污染着淡水资源,也在扼杀着他们的庄稼。

连那些学识渊博的科学家们也不能确定这些岛屿到底还会存在多长时间。但是他们猜测,到2100年全球的平均气温会上升大约2℃,而这会导致冰川大量融化,使海平面上升约50厘米。50厘米听起来好像并不算多,但是海洋只需要上升两个50厘米,就足以淹没这些岛屿。这将是一个极为可怕的悲剧。

光明的前途

但是,这一切并非注定是悲剧。好消息是人类正在努力拯救这些天然岛屿,有些岛屿已经成为国家公园,目的是保护生活在上面的珍稀野生动物。还记得不可思议的加拉帕戈斯群岛吗?现在,只有有限的游客有机会去这些岛上拜访,并且他们都只能跟随一个导游。因此,岛上那些神奇的动物生活得祥和而宁静。

你肯定不知道！

有些岛屿正在下沉，这是一个无情的现实。但是好消息是，还有一些岛屿正在浮出水面，而且这些岛屿的出现与猛烈的火山活动和板块漂移并没有多大的关系。

怎么回事儿？没错，这些是人工岛屿。如今建造人工岛已成潮流，人们在阿拉伯海就建造了一座全新的、非常奢华的人工岛。它的外形看起来像棵巨大的棕榈树，有着巨大的树干和枝叶，是当今一个时髦的度假胜地，有着大量的豪华别墅、商铺、电影院和主题公园。你会希望你的假日隐居在这座棕榈叶子似的岛上吗？那么，这一段时间你需要勒紧裤腰带了。一幢带着私人海滩和游泳池的别墅可是会一下花掉你100万英镑！

好吧，在经历了一场难以置信的列岛冒险之旅后，你平安地归来了。希望你已经找到了你梦想中的隐居之岛，它让你感到非常清新和放松。可惜呀，你的美梦并不能做得太久。总而言之，欢迎你回家！你的妈妈已经开始唠叨着要你去整理自己的房间，你的弟弟吵着要你教给他新的游戏。也难怪，你已经开始计划着下一次刺激的冒险。就像你已经在旅行中发现的，有些岛屿非常的冷清，而有些岛屿却热闹得有点儿过分。但是岛屿能够成为非常迷人和充满魅力的访问之地，这其中最令人兴奋的事情是你根本不知道会撞见什么事儿……

"经典科学"系列（26册）

肚子里的恶心事儿
丑陋的虫子
显微镜下的怪物
动物惊奇
植物的咒语
臭屁的大脑
神奇的肢体碎片
身体使用手册
杀人疾病全记录
进化之谜
时间揭秘
触电惊魂
力的惊险故事
声音的魔力
神秘莫测的光
能量怪物
化学也疯狂
受苦受难的科学家
改变世界的科学实验
魔鬼头脑训练营
"末日"来临
鏖战飞行
目瞪口呆话发明
动物的狩猎绝招
恐怖的实验
致命毒药

"经典数学"系列（12册）

要命的数学
特别要命的数学
绝望的分数
你真的会＋－×÷吗
数字——破解万物的钥匙
逃不出的怪圈——圆和其他图形
寻找你的幸运星——概率的秘密
测来测去——长度、面积和体积
数学头脑训练营
玩转几何
代数任我行
超级公式

"科学新知"系列（17册）

破案术大全
墓室里的秘密
密码全攻略
外星人的疯狂旅行
魔术全揭秘
超级建筑
超能电脑
电影特技魔法秀
街上流行机器人
美妙的电影
我为音乐狂
巧克力秘闻
神奇的互联网
太空旅行记
消逝的恐龙
艺术家的魔法秀
不为人知的奥运故事

"自然探秘"系列（12册）

惊险南北极
地震了！快跑！
发威的火山
愤怒的河流
绝顶探险
杀人风暴
死亡沙漠
无情的海洋
雨林深处
勇敢者大冒险
鬼怪之湖
荒野之岛

"体验课堂"系列（4册）

体验丛林
体验沙漠
体验鲨鱼
体验宇宙

"中国特辑"系列（1册）

谁来拯救地球